第12个天使

The Twelfth Angel

[美] 奥格·曼狄诺 著
崔姜薇 译

世界知识出版社

读者评论摘录

一个，曾经是那么幸福的男人，在一夕中失去了一切，他想要结束自己的生命。

一个，是11岁的小男孩，知道自己的生命所剩不长，他的家庭并不美满，经济也不好，他只能拥有母亲的爱。

他在球队的表现不好，常常被嘲笑，甚至在一场关键的比赛中，因为一球失误致使球队失利，即使被队友怨恨，他仍乐观地看待自己，为整个球队打气加油……

这个小男孩，拯救了那个男人的心，小男孩和整个球队，重新带给了男人活下去的希望，他们是他的"12个天使"。

"每一天在每个方面我都会越来越好""决不……决不……放弃"是小男孩的口头禅，后来……成为整个球队的精神支撑。

我想每一个人，在看完这本书后，都会在书中学习到什么是感恩与感动……

网友 自然，与你有关

我看过《第12个天使》后，久久不能自已，这本书告诉我们，悲观的人没有轻生的权力，而只要勇敢地活下去，定能开拓属于自己的一片天空！

网友 桔子小铺

总是看到电视新闻或报章杂志上一篇篇的天灾、自杀等报道。一则灾难代表着一个生命的离开，而那些看似近在眼前的电视画面毕竟都和自己毫无切身关系，你曾想过灾难会在自己生命里的某一天之中毫无预警地降临，天人永隔这样的悲剧硬生生摊在你的面前吗？

死亡是每个人生命的终点。股票专家不能确保自己买下任何一支股票就变成富豪；春风化雨的名师也不能断言自己的儿女一定聪明过人；拯救无数生命的医生也都无法断言，假如自己在下一秒听到亲人撒手人寰，自己能够坦然平静。失去亲人至少还有朋友，我们身边就是因为有朋友和家人在支持鼓励，才会在每每遭逢挫折和失败时重新振作地迈开步伐勇往直前。

看完这本书像是走了一趟生命历程，那是一种逆境重生的感觉。金钱不是一切，人生中还有最重要的美善，让我不只是看到了人生处处有希望，还有满满的感动与人性的温暖；不仅体验到接受死亡的心境，也了解到自我肯定的重要。把逆境当成一种磨练来挑战，相信自己能成功，其实自认不能做到都是因为缺乏信心和肯定，如果在做任何事之前都抱着成功的念头，即使尝试九十九次都失败也会在第一百次成功。

死亡并不可怕，死亡不是人生最后的历程，而是通往天堂的道路。

网友　我的栖地文学

这是一个单纯的故事
单纯到让它如此的不起眼
也因如此
我才有了一个单纯的感动

起初看到书名的我
也颇觉得疑惑
"第12个天使"是什么来头
也许又是如此如此的书

不过
也许是先入为主的观念使然
竟让我觉得这篇故事有种单纯的吸引力
只因那名天使有着我所没有的真诚与执着
使表里皆冰冷的我
有了短暂的温暖
那是我们在生活中逐渐消失的感觉
我在这本书感受到了
你呢？

网友　星波泛泛~~

这本书讲述了一个成功的男人，在一瞬间从意气风发的天堂，坠落到生不如死的地狱，失去家人的痛苦让他失去了活下去的勇气，直到他遇见了一个身染重病，却一直勇敢追求自己的目标和梦想的男孩，才又重拾自信，面对自己未来的人生。

　　书中有一句话："每一天在每个方面我都会越来越好"，书中的男孩，每每在遭遇挫败时，都用这句话勉励自己，也许自己现在的表现不尽理想，但他决不气馁，永不退缩，朝着自己的目标，一步一步地努力迈进。

　　在看完书后，我十分的感动，对于男孩的精神以及他的遭遇，他的一生十分短暂，却万分精彩，我期许自己效法他的精神，努力勇敢地追求自己的目标，更期许自己能过着如他一般精彩的人生。

网友　绿

　　虽然我只有13岁，不算看过很多书，但我真的很喜欢曼狄诺的《第12个天使》，学校的读后心得我报告的就是这本书，书中所说的"每一天在每个方面我都会越来越好"和"决不放弃"让我深受感动且热泪盈眶，希望你也跟我一样深受此书感动！

亚马逊网上书店读者　baby blues

作者用很简单而又精采生动的小说来阐述人生。如果你有失去挚爱的痛苦、如果你有走不过的难关、如果你有想放弃的念头，你可以来看这本书。

读者　Flora

史上最好的一本书！我把这书当成礼物送了大约15个人，每个人又把这书送给他们所爱的人。如有一本书是你一生必读的，那就是这本！P.S.如果你买了这本书但不喜欢的话，写Mail给我，我会帮你买下来！

邦诺书店读者

自我读这本书已经过了好几年，我相信它对我的影响比任何一本书都大。这里学到的东西……你必须自己去读才能发现。今天就买一本《第12个天使》吧！别忘了再买一盒面纸，之前没人提醒我这点。

邦诺书店读者

这是我读过最棒的书！本书一定能触动你心！让你张开双眼并且感激生命和其他我们视为理所当然的事情。

邦诺书店读者

以此献给

给了我无限美好回忆的

道格·特诺——

我所认识最勇敢的小家伙

与

瑞夫·杰克·博兰——

我所认识最勇敢的大家伙

诚挚感谢

如果没有我儿子马修的帮助和指导,我就不可能完成这本书。马修不仅构想了《第12个天使》的故事主线,还就如何恰到好处地讲述这个非常特别的故事,为我提出了很多宝贵的建议和意见。

目 录

1. 孤独的幽禁 1
   在我的记忆中，有着许多珍贵的时刻和骄傲的经历，然而现在，我的生命却突然失去了继续存在的意义。

2. 从巅峰跌到深渊 9
   我强烈地想要离开这个世界，结束内心巨大的伤痛，这世上任何药物都无法减轻我的痛苦。

3. 天使的召唤 21
   他停下了脚步，向我伸出手，热情地说："现在你才是真正回家了啊。"

4. 母亲的安慰 35
   你不要再哭了，擦干眼泪，要相信，无论他们此时在哪里，都永远不会离开我们！

5. 你的"天使"由你选择 43
   对于最终选到他的经理和教练来说，可是个不小的挑战啊，他可能是被挑剩下的最后一个孩子。

6. 第12个天使 53
   蒂莫西·诺贝尔成为了我最后的……我的第12个"天使"。

7. 不会飞的小天使 65
   他褐色的眼睛睁得大大的，我第一次注意到这孩子两颊上有一道横过鼻梁的淡淡的雀斑，他使劲儿点了点头。

8. 每一天在每个方面我都会越来越好 79
　　这句话能够使我保持乐观自信，对未来充满希望，虽然偶尔也会遇到点小挫折，但我一直保持着积极的心态，深信明天会更好。

9. 输掉了第一场比赛 91
　　我看见他的脸上挂满了泪珠，想开口跟他说点什么，而他只是仰着脸看着我，摇了摇头。

10. 决不放弃 107
　　他总是挥棒落空，然而，他从没有放弃任何一次击球的机会，也没有放弃自己，上帝怎么在那样一个小小的身躯里放了如此巨大的一颗心。

11. 勇敢的小天使 121
　　他每天都来比赛，东奔西跑不遗余力，不仅不要别人同情，而且还能甩开自己的失败，竭尽全力为每一个队友加油打气。

12. 简单的词语里蕴含着神秘的力量 133
　　我们所要做的就是将积极的想法和话语灌输到潜意识之中，就会在生活中创造奇迹。

13. 真正的冠军 147
　　我俯下身子将他抱了起来，把头深深地埋在他小小的胸口上，亲了亲他的小脸："蒂莫西，你一直都是冠军，一直都是。"

14. 任何人都能够创造出奇迹 165
　　蒂莫西的勇气和精神慢慢地渗入了我最绝望的那些日子，把我从地上搀扶起来，替我掸去心灵上的灰尘，教我如何重新笑对世界，怀着一颗感恩的心，勇敢地面对每一天。

15. 谢谢你，小家伙 181
　　我的天使，是你为我带来了希望和勇气，我会永远爱你，我每呼吸一次，就会对你的感激更多一些。

附录：计量单位的对照和换算表 185

1. 孤独的幽禁

在我的记忆中,有着许多珍贵的时刻和骄傲的经历,然而现在,我的生命却突然失去了继续存在的意义。

我把自己关在家里。

自己折磨着自己。

葬礼已经结束很多天了,每天清晨起床后,我几乎什么也不想做,只是无精打采地呆坐在书房里,熬过漫长的一个又一个钟头,脑子里想的全是如何结束自己的生命。我拔掉了电话线和传真机线,锁上了通往外面的每一扇门。尽管如此,每天仍有川流不息的汽车缓慢地驶入我家门外长长的环形车道,随之而来的,总是一阵令人心痛的门铃声,最后,我扯掉了那根电线。来自朋友和邻居的同情是我现在最不想要的。

过去的17年是一段多么特别的时光啊,我努力地工作,赢得了奖励、爱情、愉悦、成功、成就和欢笑,也流下过泪水。在我的记忆中,有着许多珍贵的时刻和一直令我无比骄傲又难以忘怀的经历。然而现在,就在我的40岁生日即将到来的时候,我的生命却突然失去了继续存在的意义。

有时候,我会从写字台前站起来,在房间里慢慢地踱着步子,有时候停下来盯着墙上每一幅镶框的家庭照片，出神地看一会儿。每一张照片所记录的那些回忆、那些美好的时光、那些特别的时刻依然鲜活生动，我仿佛能够听到当时的欢声笑语。难怪拜伦会写下这样的诗句：当我们的眼中充满泪水，就会看得比望远镜还远。

我将那把高背木制转椅往右推一点，伸手去够巨大的橡木写字台最下面的那个抽屉，拉住把手，悄无声息地打开它。抽屉里有一本电话簿和一些种子名录，在它们上面躺着一把黯然无光的点45口径的柯尔特自动手枪。昨天下午我在车库里找了很长时间，才在尚未开封的纸箱里找到它。这把枪是大约十年前在圣克拉拉连续发生入室抢劫事件时，我为了自卫而买的二手货。在这把旧手枪旁边放着一盒子弹，满满的一盒。一直以来我都很讨厌枪，在圣何塞一家枪支商店的地下室里试了三发子弹后，我就再也没有让这个蠢东西开过火。此时此刻，我把这个致命武器放在桌子上，一面盯着它，一面用手指在它粗糙的表面慢慢地摩挲着。在扳机上方枪管比较平滑的一侧刻着一匹扬起前蹄的小马，以及一行字：政府版，柯尔特，自动，口径点45。

我用拇指和食指捏住枪口根部，把它从桌上拿起来，注视着枪管里面。虽然我的意识很混乱，一个名字还是在我自怜自艾的脑海里闪现出来，使我更加意乱心烦——欧内斯特·海明威。**上帝啊！他是我童年时的魔鬼！**我十岁的时候在镇上的图书馆发现了海明威的书，那年夏天，我如饥似渴地读遍了能够找到的他写的所有书。就在读完第二遍《丧钟为谁而鸣》之后，我做了一个决定，长大以后我要成为一个作家，一个著名的作家，我要像海明威那样走遍世界每个角落，去迎接人生的冒险。那将是多么美妙的人生啊！然而……然而我的英雄令我深深地失望了。1961年的一天，他把装满子弹的猎枪对准了自己的脑袋，扣动了扳机。因为这件事，在很长一段时间里我一直非常的痛苦。为什么会有人做这样的傻事儿呢？为什么？没有哪个大人能给我一个合理的答案。为什么？为什么？一个人会因为怎样的原因结束自己的生命，尤其是像他那样强大、坚毅、聪明的人——一个有着足够的理由活下去的人？我探过身去，又一次注视着枪管里面，眼中充满了泪水，不住地摇着头。**海明威先生，请原谅我曾经认为您做了一件非常愚蠢的事情！**

我转过身去背对着枪口，透过写字台正后方的窗子望着外面的风景。窗子下方是一个很宽阔的露台，它横跨了这幢科德角风格的房子的整个背面。露台外面是几英亩①深绿色的草坪，散布着几把白色的休闲椅、一个马蹄形的院子、一套雪松木的桌凳和两根顶端系着红色练习旗的高尔夫旗杆，那两根六英尺高的旗杆间距大约130码，我经常在那里挥动铁头短棒，练习打高尔夫球。在草坪的尽头有长长的一排新种的女贞树篱，再往外是一片草地，

---

① 本书对单位的翻译忠于原著，为便于读者换算，书后附"计量单位的对照和换算表"。——编者注

那里有几块巨大的花岗岩、高高的蓝莓树丛和一个挤满了喧闹的绿蛙的小池塘。在这片草地后面是一堵石头砌的墙和一片树林，树林里稀疏地种着几棵松树、白桦、枫树和岑树。这时突然下起雨来，雨点打在窗户上，模糊了我的视线，不一会儿，透过窗户看去，外面的世界就仿佛一幅莫奈的油画。这个总共44英亩的地方可以说是我们的天堂，我和萨莉对它一见钟情，在房地产经纪人带我们来看房的当天就买下了它。

萨莉……

此时此刻，我正坐在与一个月前的那个星期六完全相同的位置上。那天，她走进我的书房，绕到写字台后面抱住我。"哦，家乡的英雄，"她内心的骄傲溢于言表，"你做好准备去问候你的同乡了吗？"

"还没有啊，我感到很紧张。亲爱的，这里的大多数人我已经很多年都没见过了。我不敢相信这个古老小镇上的人居然办了这场欢迎活动。"

"为什么不呢？约翰·哈丁，博兰镇的人都以你为荣啊！你的父母在这个小镇里度过了整整一生，你在这里出生，在这里读书，读高中时你成了风云人物，高三还当上了班长，后来你考入了大学，参加了全美棒球联赛。才不过20年，你又回到了自己的家乡，如今的你因就任盛世公司总裁而享誉商界，盛世公司可是计算机行业规模最大、实力最强的公司之一呢。而且……而且……你这么年轻！人们没有理由不以你为荣啊！在这个疯狂的世界里，真正的英雄越来越少,博兰镇乃至新罕布什尔州其他地方的人,都对你和你所取得的成就表示敬意。在过去的几个星期里,他们只能在《早安美国》和《今天》这类电视节目中看到你,或在《时代》周刊上读到了对你的专访。现在,他们已经急不可待地想看看你本人了。尤其是那些认识你父母,从小看你长大的老镇民们,他们更盼着能够早点见到你。今天早晨,我跟一位德莱尼夫人在邮局聊了一会儿,她告诉我,自从30年前美国第一位进入太空的宇航员艾伦·谢泼德少将从家乡德利来这里参加烤蚌晚会之后,小镇的居民就再也没有如此激动过呢!"

对于在得克萨斯长大的萨莉来说,新罕布什尔州的生活将是一个全新的开始。大学毕业后,我们同时被洛斯阿尔托斯市一家生产便携式计算机的公司录用,在相识三个月后我们就结婚了。我想,和萨莉结婚应该是我这辈子做过的最明智的事儿了。在接下来的几年里,我通过不断跳槽而平步青云,我们带着不多的家具和衣物,在日后被称为硅谷的地区来来回回地搬了六七次家。萨莉在这个时代是个难能可贵的妻子,她坚定地认为,自己想要的全部生活就是待在家里,做一个称职的主妇和一个称职的母亲——以及我的啦啦队长。她不仅全都做到了,而且超乎我的想象。七年前,上帝赐给我们一个健康的儿子瑞克。

就在两年前,我升职为丹佛市维斯塔电脑公司的销售副总裁,非常幸运的是,我在两年内就让公司的销售额翻了两番,于是我被一家猎头公司推荐到世界第三大计算机软件制造商盛世公司担任总

每一张照片所记录的那些回忆、那些美好的时光、那些特别的时刻依然鲜活生动,我仿佛能够听到当时的欢声笑语。

裁一职。在销售额持续两年下滑的局面下,公司董事会成员一致同意在公司之外寻觅一位新的总裁。而这无疑成全了我的一个梦想,这个机会既让我得以执掌自己的公司,还将我带回了家乡。

因为公司的总部和主要工厂都设在康科德城,而如果路途顺利的话,那里距离我的家乡博兰镇只有大约30分钟的车程。于是,萨莉和我决定在博兰镇买房子,而我们很快就幸运地找到了一处。虽然我们在西海岸用的家具完全不适合新房子的传统建筑风格,但这并没有难住萨莉。几乎在一夜之间她就看遍了美国早期殖民地时代风格的家居书籍和小册子,然后一本正经地告诉我,在我们第一次邀请盛世公司的执行官来参加新居庆典以前,我们的新家一定会布置得令保罗·里维尔[①]都感到骄傲,前提是没有花光我们的积蓄。

"好啊,"听完萨莉对我的夸奖之后我叹了口气说,"他们希望我们一家能在2点钟赶到镇上的广场,所以,我们最好现在就出发。我们的乖儿子到哪儿去了?"

"瑞克在客厅里生气呢,咱们大人的事儿害得他不能和朋友们一起参加今天下午的棒球练习。不过,下周三就要过生日了,他可不想在这个节骨眼上被'扣分'。"

我咧嘴笑了起来:"让我们去鞠个躬,再回来过自己的日子吧。"

---

① 保罗·里维尔(Paul Revere),美国独立战争时期的一位英雄人物,后来成为美国英雄主义和爱国主义的象征。——译者注

2. 从巅峰跌到深渊

> 我强烈地想要离开这个世界，结束内心巨大的伤痛，这世上任何药物都无法减轻我的痛苦。

我清晰地记得，在那个星期六的下午，当我们的林肯城市轿车缓缓地驶在刚刚铺了沥青、两侧停满了汽车的主干道时，车流拥塞的罕见场面。我的车一点点向广场靠近，此时仪仗队已管乐齐鸣，鼓声阵阵。

博兰镇建于1781年，目前有五千多人住在这里，它是新英格兰地区一个非常典型的小镇，颇似好莱坞电影场景。在两侧种着枫树的主干道的沿途有三座古老的白色尖顶教堂、一家小餐厅、一间杂货五金店、警察局和镇政府共用的一幢红砖楼、一座庄园宅邸、两个加油站和一家银行营业所。自从1967年我考上大学离开这里之后，镇中心的"商圈"里再也没有盖过新楼。那里存留着一块巨大的石质地基，几乎完全被野草和树丛所遮蔽。四年前的一场大火摧毁了矗立在这里的佩奇公共图书馆，童年时我最喜欢做的事就是整日泡在这座图书馆里看书。那幢宽敞的乔治亚风格的建筑是用博兰镇的成功企业家，科尔诺·詹姆斯·佩奇捐赠的一大笔遗产修建而成的。除此之外，他还为博兰镇提供了充足的资金，用于购买馆藏图书。不幸的是，不论是图书馆竣工时，还是它为博兰镇居民服务的这些年里，没有任何一位镇政府官员曾考虑过为这座美丽的公共建筑投保。在那场大火之后，虽然也有人做过努力，但小镇最终没有筹集到足够的资金对它进行重建。图书馆的废墟对面就是排满长凳的广场，北面是新漆成淡蓝色的音乐台。

"哇哦，"瑞克把身子凑近车前挡风玻璃，大声地喊道："爸爸快看，人可真多啊！他们都是为我们来的吗？如果真是这样，我能不能自己待在车里，等你们俩回来啊？"

我指了指前面飘扬在主干道上方，写着"欢迎哈丁一家重回故里……博兰镇以你们为荣！"的横幅说："看见那个了吗，瑞克？这场欢迎会也有你的份儿呦，小伙子！"

我儿子使劲儿地把棒球帽往下拉，撅起下嘴唇："为什么会有我呢？我什么也没做过。"

"嗯……你是哈丁家的一员啊，对吗？"

"是啊。"

"那你就是同党了，我们是一伙儿的。"

一位身着制服的警官正在人行道旁维持秩序，他一看到我们的车子就马上非常激动地挥舞手臂。他不断地打着手势指引我泊车，我想这块空闲的停车位一定是他给我们预留出来的。我们从车里走出来，人群中顿时掌声四起，欢呼雀跃，那位警官赶忙伸出双臂保护我们。"欢迎你们一家，请你们三位拉起手，跟我到音乐台那边去吧！请先别急着问候老朋友们，您要是挨个打招呼，我们恐怕到太阳落山以前都没法走到台上。以后您还有很多时间跟大家叙旧，但此时此刻，他们一定更希望你们一家快一点上台去。"他一边大声对我们说，一边频频示意音乐台那边的工作人员。镇子里的居民全都人挨人地坐在广场修葺一新的草坪上，许多人为了给我们让路还得站起身来，不过在警官的护送下，我们终于走到了音乐台的台阶前，在那里，一位头发花白的先生正笑容满面地向我们致意。

"欢迎你，约翰！"他大声喊道，声音甚至高过了乐队正在演奏的《欢迎，欢迎，大家在一起！》。他自我介绍说："我是史蒂文·马库斯，不知你是否还记得我，不过……"

"史蒂文，我当然记得你，你可是咱们班的活宝啊，高中时你一直打左外场的位置……听说你现在在康科德城拥有了自己的律师事务所。你看起来很不错啊，一点儿都没变——除了头发的颜色……"说着我胡噜了一把他的头发。

音乐台上布置了一排木制折叠椅，其他嘉宾都已经就坐了。史蒂文带着我们走过去，把萨莉、瑞克和我介绍给镇管理委员会的三位成员、消防局长、警察局长、高中校长和镇上三座教堂的牧师们。除了其中一位镇管理委员会成员，在我的记忆里没有其他人的印象。这位镇管理委员会成员就是我父亲的好友，已经退休的托马斯·达夫法官。

"约翰，"他用我记忆中那种充满慈爱而低沉的嗓音对我说，"我今天唯一的遗憾是,你的父母无法来这里参加这场特殊的盛会。"

"我也很遗憾。法官大人,您看上去真是神采奕奕啊!"

"孩子,你才是容光焕发呢。"

走到下一个座位前,史蒂文停了一下,并没有马上帮我们作介绍,而是微笑着问道:"约翰,你还记得这位女士吗?"

我走上前去。她是一位身材娇小的女士,穿着一条精致的印花图案的连衣裙,一头银发一丝不苟地向后梳成了一个圆髻,膝盖上放着一个白色的小手包。她抬起头来,透过无边眼镜有点害羞似的看着我,嘴唇微微地颤动,呢喃着,张开双臂迎接我。

"瑞老师,"我喘着气问道,"是你吗?"

她闭上眼睛,点了点头。我跪下去,与我一年级的老师紧紧相拥。她是我生命中具有特殊意义的一个人,我一直非常感激她。因为,正是在她的教导下我爱上了读书,书中的真谛引领我一步一步走向成功。我轻轻地亲吻她的脸颊,对她说:"这真是具有特殊意义的一天啊!"

瑞老师点点头,泪水从她布满皱纹的脸颊上流了下来。在我向她介绍完萨莉后,她指着瑞克问我:"约翰,这是你的儿子吗?"

"没错,瑞老师,他叫瑞克。今年秋天他就该上三年级了。"

"瑞克,"她那双小手放在我儿子手上,用一种坚定的声音说,"我希望你能像我们所有人一样,以你的父亲为荣。在他很小的时候我们就知道,总有一天他会成为一个重要人物。"

瑞克好不容易鼓足勇气问道:"您真的在我爸刚上一年级的时

候教过他吗？"

"千真万确，那几乎是35年前的事情了。"

"他小时候是个聪明的孩子吗？"

瑞老师使劲儿点点头："如果我有权力让他直接跳到三年级，我一定会那么做的。这足以说明他是多么的聪明！"

我感到有人把手放在我的肩膀上。"对不起，我不得不打断一下，"史蒂文充满歉意地对我们说，"约翰，大家都在等着仪式开始呢，你、萨莉和瑞克请到正中间那三个空位子上就坐吧，我们马上就要开始了。"

首先我们全体起立，齐唱国歌《星条旗永不落》，担任伴奏的是博兰高中乐队，他们身穿我熟悉的暗红色和白色搭配的制服。接下来，在牧师作了简短的祈祷之后，一位声音甜美、体态丰满的女士演唱了一曲史翠珊的经典之作《记忆》。听歌的时候，我紧紧地握着萨莉和瑞克的手，内心中一遍又一遍地感谢上帝赐予我的所有幸运。

曲毕，达夫法官缓缓地站起身来，还没等司仪介绍就走到麦克风前，把话筒略微向上调了调，清清嗓子说道："博兰镇的女士们、先生们，这无疑是我们这个古老小镇历史上具有特殊意义的一个篇章，今天我们聚集在这里，以我们中的一员深深为荣，因为，他在短短几年内就创造了非凡的人生。非常骄傲地告诉大家，我是伊丽莎白和利兰·哈丁的朋友。至今，约翰出生时他父亲骄傲的样子我仍历历在目。当时，我在银行外面遇见了他，他高兴地使劲儿把一支雪茄往我衬衫口袋里塞。在有生之年里，利兰对儿子的自豪之情与日俱增。在博兰镇的棒球小联盟比赛中，约翰成为了全明星队的游击手。此外，他还是国家荣誉生会①的一员，并以全A的成绩从博兰高中毕业。高中毕业那一年，约翰兼任足球队和棒球队的队长，同时还是全州篮球队的前锋。同一年，在棒球队，他凭借出类拔萃的打击和防守，赢得了全美棒球训练水平最高的亚利桑那州立大学的奖学金。在大四那年，约翰击出了超过400支球，得到了棒球职业大联盟球探的青睐，然而，膝盖软骨组织的损伤却结束了他成为一名棒球职业大联盟选手的梦想……"

仪式开始后，小镇的主干道就设立了路障，禁止来往车辆通过。令我感到惊讶的是，台下拥挤的人群都和我一样安静地坐着，认真聆听达夫法官的讲话。偶尔传来婴儿的啼哭声，每个人看上去都在专注地倾听法官所说的每一句话。我不确定人们是被他非凡的演讲艺术还是我的履历所吸引。

法官继续讲着，仍然没有参考任何纸稿。"棒球理想彻底破灭，约翰·哈丁的心都碎了。不过，1971年他还是以班上顶尖的成绩毕业了，并被加利福尼亚州的一家高科技公司录用。直至今天，在不到20年的时间里，他俨然成为商界的"大联盟选手"！正如大家所知，我们这位可爱的年轻朋友最近刚刚就任一家计算机公

---

① 国家荣誉生会（National Honor Society），美国教育界用于表彰优秀的中学生（相当于国内的国家级三好生）的社团。——译者注

司的总裁兼首席执行官,这家公司应该是新英格兰地区最大的公司,每年的销售额超过十亿——朋友们,如果你们忘记了中学算术,让我来告诉你们,那就是一千个一百万啊!从我们当地的《康科德观察报》和《曼彻斯特工会领袖》到《华尔街日报》《今日美国》和《福布斯》杂志等各路媒体,都加入到了大声赞美约翰的管理风格和他的个人魅力的大军之中。如果你们在近期的电视节目中见过他,那你们也一定会不由地关注、欣赏这个聪明的年轻人。不过,最令我感到骄傲的是,当约翰来到东部接掌他的公司时,他选择在我们的小镇上安家。在康科德城周边有很多浮华的社区供他选择,但是他却选择了博兰镇。他回到了自己的家乡,回到了承载着他欢乐的成长时光的这片土地,回到了一直记得他、仍然爱着他的家乡人民的身边!"

在台下一浪高过一浪的掌声中,达夫法官转向我,微笑着从夹克衫口袋里拿出一块系在宽宽的红色缎带上的铜质奖章。"约翰·哈丁,"他用经典的法庭式口吻对我说,"你愿意过来接受这个象征着镇民对你的表扬的小小礼物吗?"

法官凑近这块直径至少有三英寸的奖章,说道:"在这块奖章上刻着:'送给我们挚爱的孩子约翰·哈丁,博兰镇以你为荣。'奖章背面是咱们镇的徽章,下面刻着新罕布什尔州的格言'不自由,毋宁死!'(Live free or die!)"在人们的欢呼声中,他把奖章高高地举过头顶,然后把它挂在了我的脖子上。用力地与我拥抱后,他蹒跚着缓步回到自己的座位上。

仅仅在欢迎会举行的两个星期之后,我的人生就从巅峰一下子跌入了痛苦与绝望的深渊。

此时，台下的人们都站了起来，不断地鼓掌、欢呼，乐队演奏起《不可能实现的梦想》。我扭过头去看着萨莉，她正掩面而泣，瑞克则站起来拍着手。我一直站在麦克风前等着音乐和人们逐渐安静下来。

我把重重的奖章塞进了毛衣里，以免它前后晃悠碰到麦克风，我开始说道："朋友们、邻居们，我打心底里感谢大家给予我和我的家人如此热烈和特别的欢迎，同时，我还要向大家表达深深的歉意，虽然我们与大家住在一起已经快两个月了，但我一直在康科德城忙于盛世公司的管理事务，以至于没有时间去拜访很多以前的老朋友，在这里我想请求你们的原谅。我会尽快弥补自己的疏忽，我向你们保证，哈丁家很快就会在家中举办一场户外烤肉会，到时候我会邀请这里的每一位朋友来参加！"

我耐心地等到掌声结束才继续说道："自从我回来之后，令我感到惊讶的事情很多，其中之一就是有很多人从没离开过博兰镇。你们在这里出生，在这里成长，在这里上学，在这里结婚——现在又在这里生下了自己的孩子。这是多么明智的选择！你们一看到它就知道这是个好地方，我想不出还有哪里比这儿——新罕布什尔州中心，更能带给人们以快乐舒适的生活！

"和达夫法官一样，我也希望我的父母能够在这里与我们分享这段特别的时光，然而……然而……我相信，他们一定在看着我，就像我相信，如果没有他们的疼爱和教诲，我就不会取得任何成绩一样。感谢大家今天来到这里，毋庸置疑，今天我登上了人生的巅峰!"

然而,仅仅在欢迎会举行的两个星期之后,我的人生就从巅峰一下子跌入了痛苦与绝望的深渊。萨莉和瑞克在驾车向南前往曼彻斯特购物途中,行至埃弗里特收费公路时,一辆向北行驶的福特牌小货车的左前胎忽然爆裂,接着它越过了公路中间的草坪隔离带,迎面撞上了萨莉开着的旅行轿车。因为强烈的撞击,萨莉和瑞克双双遇难……

……我不知道自己站在书房里面对雨水如注的窗户凝视了多久。我回到了写字台前,又看到了那把点45口径的柯尔特自动手枪。我再一次打开写字台最下面的那个抽屉,拿出子弹盒,把它放在手枪旁边,把盒子一斜,几颗丑陋的铜质子弹滚落在我的面前。就是它了。我强烈地想要离开这个世界,想结束内心巨大的伤痛,这世上任何药物都无法减轻我的痛苦。没有萨莉和瑞克,我活在世上无异于一种惩罚,这样的生活我一天也无法再忍耐下去了。我把空弹匣从手枪上卸了下来,开始把一颗一颗子弹往里装。这很简单。最后我把弹匣装回手枪,准备就绪了。**快点!不要再想了!做吧!**我举起了手枪对准自己的前额。

"亲爱的上帝,"我哽咽着,"请原谅我吧!"

然而,一位天使——是的,正是一位天使——救了我的命!

3. 天使的召唤

他停下了脚步,向我伸出手,热情地说:"现在你才是真正回家了啊。"

一开始,那声音听上去就像是远处的一声闷雷。然而,直到我听出它似乎很有节奏地一直响个不停时,我才意识到这种重击声是从房后的墙板传来的。接着,我听到露台上传来了一阵脚步声,有人在大声地喊我:"约翰……约翰……你在家吗?回答我。请你开开门,哪扇门都行……窗户也可以!约翰,我是比尔·韦斯特啊。老朋友,你能听到我说话吗?"

比尔·韦斯特?是他吗?他是我在博兰镇的成长过程中最亲密的朋友啊,从上幼儿园的第一天,两个吓坏了的小男孩在那辆黄色的破校车上挤在一个座位上,到我们俩开着他父亲的绿色别克车,约上女孩子一起去参加高中毕业舞会——我们一直像亲兄弟一样。比尔·韦斯特?比尔·韦斯特?我的朋友,我的队友,我的玩伴,我的知己,我的至交!从露台上传来的真是比尔的声音吗?自从我和萨莉开始在博兰镇附近找房子以来,我就试着找过他好几次。后来我听说,他现在仍然和妻子及两个儿子住在小镇里,但他向公司请了三个月病假,前往圣达菲接受搭桥手术,那场手术差点要了他的命,幸好他挺了过来,现在已经处于恢复期。

敲击的声音变得越来越近,也越来越大。我赶忙使劲儿拉开写字台右下角那个抽屉,把手枪和子弹盒扔在了电话簿和种子目录上面,然后"砰"地关上了抽屉。我不能让任何人看到我自杀,更不用说最亲密、交情最长的老朋友了。

突然间我看到了他,他把手挡在眼睛上方,正透过我家的眺望窗往屋里看,同时大声喊着:"约翰,我是比尔·韦斯特……请回答我,约翰!"

我站起身来向窗户走去。比尔跟跟跄跄地后退了几步,待恢复镇静后,他指着我咧嘴笑起来:"嘿,老哥们儿,终于找到你了!约翰,是我啊……比尔……比尔·韦斯特!"

我强作欢颜,示意他离窗户再近一点,这样他就能听见我说话了。"在露台的尽头有一扇门,"我指指右边,对他大喊道,"一直走到那儿,我去给你开门!"

我们拥抱了几分钟,然后放开对方。比尔用双手轻拍我的脸颊,我的手指紧紧地扣住他的脖子。我们都哭了起来。

比尔拿出一块手帕擤擤鼻子,先开了口:"这样的重逢真是令人痛苦,约翰,我非常难过。"

我想跟他说点什么,可终究没说出口。比尔把双手放在我的肩上,沙哑地说:"我读了所有关于你平步青云登顶盛世公司的报道,杰西阿姨打电话到新墨西哥州告诉我们,博兰镇计划举办欢迎你回家的仪式。可是我的主治医生坚持说,如果我真的爱我的

3. 天使的召唤

家人，就应该躺在圣达菲的病床上，再过几个月才能回家，以后再和老朋友一起庆祝。但是当杰西阿姨再次打电话告诉我萨莉和瑞克的噩耗时，我再也无法在圣达菲待下去了。"

"比尔，"我轻声说道，"你真应该听医生的话。非常感谢你的关心，但现在恐怕没有任何人能够真正帮助我。嘿，咱俩别站在这儿说话啊，客厅可比这儿舒服多了。"

我们坐在客厅里却相对无言。又是比尔先开了口，他迟疑地说道："约翰，这真是一间……一间漂亮的屋子啊。"

我盯着脚下古典的赫列兹地毯，摇摇头说："萨莉一直向我保证，圣诞节前她一定会把这间屋子布置成我们喜欢的样子。自从车祸之后，我可能只到这个房间来过一次，而且只待了几分钟。不管我往哪儿看，满眼都是我可爱的妻子。我记得那天下午，我们去康威城买了那个安妮女王风格的扶手椅和胡桃木的前倾式写字台；那个下雨的星期六上午，原本想去买一些度假服装，却把这个齐本德尔式沙发搬回了家。"

比尔慢慢环视着整个房间，目光时不时停留在一些家具上，描绘帆船航行在朴次茅斯港的油画、铺有织锦坐垫的莎克安乐椅、超大尺寸的壁炉和刻花的胡桃木壁炉架、一支挂在架子上的燧发来福枪以及放在角落的一座八英尺高的落地式大摆钟。

"好华丽啊！"比尔感叹道，这时大摆钟鸣响起来，时间过去了一刻钟。

我点点头："萨莉最喜欢的……这些家具都是。"

比尔强挤出一个微笑，问我："我们有多少年没见过面了？"

"上一次是十周年高中聚会，对吗？这些年来我只回来过那么一次，工作实在太忙了。"

比尔摇摇头说："那已经是十几年前了！天啊，时间过得太快了！"

"老朋友，我没感觉……我真的不在乎。"

"他们告诉我，自从葬礼之后镇上的人就再也没有见过你。你是不是一直都把自己锁在屋子里啊？"

"也不是，每天晚上夜幕降临后，我会沿着车道走下去，从邮箱里取东西。我实在没什么理由到外面去，冰箱里满满当当的，酒窖里也还有不少酒。"

"你的公司最近怎么样啊？据我所知，在过去的几年里他们遇到了很多问题，所以我想，他们可能很需要新老板时时刻刻都待在公司里，主持大小事务，帮助他们走出困境。"

我犹豫了一下，有些话太难说出口了："比尔，在葬礼结束后两天，我给盛世公司董事会里最好的朋友写了一封信，并递交了辞呈。我告诉他们，现在我每天早上起床都要经过艰难的挣扎，所以我想，公司一定需要比我强得多的多的人。写这封信时我一点都不难过，这使我更加明白自己的心思。我安葬了萨莉和瑞克，也埋葬了自己所有的希望和梦想。好几个星期过去了，我的感觉始终是这样。"

"盛世公司董事会成员的作风特别强悍。约翰，六年前我为了他们的养老金计划可花费了不少的工夫。要知道,我在保险和养老金计划方面有着20年的工作经验,但这件差事却让我一分一角都赚得很辛苦。对于你的信他们是怎么回应的呢?"

"他们给了我一个意想不到的回答。首先,他们不接受我的辞呈。其次,他们给了我四个月的带薪假期,并希望我在劳动节①过后尽快与他们会面。在信中我提到了亲自招聘的两位副总裁,并向董事会建议聘任他们中的任意一位做我的接班人,他们都很出色。于是,董事会任命了他们中的一位在我休假的四个月内担任代理总裁兼首席执行官。"

"这么说,9月份你就会回去工作了?"

我沉默以对。

"约翰?"

我该对他说什么呢?告诉他,我一天也不想回盛世公司当总裁?告诉他,我一天也不想活了……然后等他一离开,我就继续完成被他打断的事情,举起手枪结束生命?

"约翰?约翰,很抱歉,我不该让你这么早就考虑回公司上班的事,我甚至连问都不该问。今天,我只是想来表达一下对你的关心和同情,看看自己能做些什么,哪怕为你减轻些许痛苦也好。就像从前那样,你还记得吗?"

我拍拍他的膝盖,喃喃地说了声:"谢谢。"

---

① 美国的劳动节在每年9月份的第一个星期一。——译者注

比尔站起身来，皱皱眉头，望着我说："我今天来还有另外一个原因，我想请你帮个忙，而且没有谁比你更合适了。"

"尽管说吧。"

"我的旅行车就停在你家的车道上，我们出去兜兜风怎么样？"

"你说什么？"

"兜兜风啊，时间不会太长。我们就在镇上转转，我保证，半个小时之内就送你回来。我发誓！"

半个小时，如此短暂的一段时间。时间，世界上最宝贵的东西，随着岁月的流逝越来越值得珍惜。富兰克林曾说过，生命是由时间构成的。此时此地，我的老朋友正在请求我给他半个小时的时间，可他并不知道，如果他晚半个小时来敲我的窗户，他所见到的将会是我的尸体。

我摇摇头："老朋友，实在对不起，我想我没法做你兜风的好伙伴，即便是那么短的时间。我最后一次坐的车是一辆跟在灵车后面的黑色加长凯迪拉克。"

"约翰，你就听我的吧。你不必非得做多么好的兜风伙伴，只要你高兴，一言不发都无所谓。只要跟我来就行，答应我吧，求你了！"

我跟他去了。

直到车子驶上小镇的主干道，我们谁都没说一句话。当我们经过广场和音乐台时，比尔终于打破了沉默，对我说："他们告诉我,这座古镇为你举办了一场盛大的欢迎回家的仪式。"话刚出口,他马上就意识到自己说错话了,一脸的尴尬,重重地捶着方向盘,自责地说:"约翰,对不起。"

我没有回答。经过了浸信会教堂之后,比尔把车子向右转,驶上了一座有顶的小桥,当我们经过了布满倾斜着的墓碑的老公墓时,我就知道他要把我带到哪儿去了。几分钟后,他把车开进了一个铺着地砖的停车场,它的四周围着至少12英尺高的金属防护网,上面挂着一块长长的蓝色和金色相间的木制指示牌,用古英语字体写着:博兰棒球小联盟比赛场……好像我需要这块牌子来告诉我这是什么地方似的。

当我跟着比尔穿过停车场通向右外场的出口时,我真切地感觉到自己的心在狂跳。出口的一边是金属防护网,另一边是木制外场围栏,围栏从球场的右边线开始,经过中外场最远端,再到左边线,弯成了优雅的拱形。鲜艳的黄色数字202就像新的一样,漆在左边线和右边线的围栏上,标识着以英尺计算的边线长度。我忽然想起,在棒球小联盟的最后一年里,我的一个本垒打曾越过了中外场的围栏。第二天,我叔叔量了量这记球的飞行距离——247英尺[①]!

当比尔和我走到中外场时,他停下了脚步,向我伸出手,热情地说:"约翰,现在你才是真正回家了啊。"

---

① 247英尺约75米。——译者注

当比尔和我走到中外场时，他停下了脚步，向我伸出手，热情地说："约翰，现在你才是真正回家了啊。"

我深深地吸了口气，慢慢地向右走去，走了整整一圈，然后转身沿着相反的方向又走了一圈。看着眼前的这一切，我不禁喃喃自语："太令人惊讶了，真的太惊讶了，这个棒球场一点没变，跟30年前完全一样！虽然新刷的漆，新的木头，围栏比以前整齐了，停车场也变大了，但它还是我们的老地方！比尔你看，在右外场和中外场的围栏上还贴着那些小告示牌式的广告……那些公司在我们打球时就开始做广告了。左外场的外墙只是被漆成绿色——不贴广告——跟波士顿芬威棒球场左外场的外墙一模一样啊，我们都叫它'绿怪物'。"

我指指中外场上高高悬挂在头顶的记分板，会心地笑了："还记得我们的父亲是怎样爬上梯子，到记分板平台的一侧，一局一局地把分数贴上去吗？比赛前我们的家长会为此抽签，被抽中的那个人就成了'倒霉蛋'，拿着写在木板上的分数，每当一局结束就得爬上梯子，把比赛的最新比分挂到记分板上去。"

"约翰，他们现在仍然是这样做的。"

我慢慢地向内场走去，走到自己原来的游击手位置上，停下了脚步。比尔则向后面走去，来到了二垒的位置，此时我们四目相对。突然间，我的心头涌上一股冲动，我两手一击，蹲下身子，仿佛去接一个很大力气打过来的地滚球，把它抄到手里，再把这个无形的球投给比尔，他显然已经严阵以待，早就在二垒的位置上站好了。他身子向前冲，就像接到了我的球，然后转身将球投向一垒的位置。"双杀！"我鼓掌叫好。

我们手挽着手,慢慢向投手板走去。"瞧瞧这看台,"我叹了口气,"它们一点都没变!大约有20排,从三垒到本垒再到一垒的铁丝挡球网后面还是二三十排的高度。哇哦!"

比尔点点头:"座位数一直也没变,能容纳将近一千名观众来看比赛。对于一个只有五千人的小镇来说算是不错的了。我们去坐一会儿吧。"他指着三垒位置后面的队员席对我说。

"我发现了一个变化哦,"我对他说,"我们当时只有长凳,现在这可是真正的混凝土队员席了,下沉于地面,头顶上有屋顶,还有通向球场的台阶。这些都是大联盟的球员们才能享受到的待遇啊!"

我们走下队员席,坐在宽宽的绿色长凳上。"这个球场的状态可真棒,"我说道,"这个地方一定得到了很多细心周到的保养。"

"是啊,他们正准备新的赛季呢,三个星期内就要开始了,选拔赛就定在本周六的早上。球场已经就绪——不过,恐怕小联盟还没有准备好呢。"

"你指的是什么?"

"嗯,在过去的20年里,除了一年有特殊情况,我们总能招募足够数量的孩子组成四支棒球队,每队至少12名队员。今年的人数将将够。"

"那么,问题是?"

"约翰,我的两个儿子现在都读大学了,他们参加棒球小联盟比赛已经是很多年前的事了,作为父亲的我却一直参与着这项比赛。你还记得吧,对于很多队员的父亲来说,无法担任棒球队的教练或经理,因为他们还有本职工作,不可能场场不落地执教训练课。我倒是能自由支配自己的时间,因此每年我都会担任球队的教练,只要四支球队的任何一个经理愿意用我,那个赛季我就会为他工作。"

"比尔,我认为这很棒。你有足够的知识和经验来训练孩子们,对任何一支球队来说你都是一笔宝贵的财富。"

"希望如此吧,"他说道,"几个月前,汤姆·兰利被联盟主席和理事会成员推选为一支球队的经理,他邀请我作为教练协助他。要知道,汤姆·兰利的儿子可是上年度棒球小联盟全明星队的捕手呢。我爽快地答应了,然而,紧接着我就犯了心绞痛。我想,即便不是永远告别联赛,我今年也不可能参与其中了。但是,当我听说了你的……你的遭遇,我再也没法在医院住下去了,我得回来看看你,万一我能帮上什么忙呢……而现在,我又多了一个留下来的理由,棒球小联盟需要我。大概是一个月前,兰利在公司升职了,他现在要出售房子,准备搬到亚特兰大去。所以,现在我们的球队需要一位经理,而且时间已经不多了。"

我们是多年的老朋友了,我能预感到接下来会发生什么。比尔靠近我说:"约翰,还记得我说想请你帮个忙吗?"

我无法正视他:"我以为你只是想带我来兜兜风。"

比尔笑了起来:"是啊,从某种意义上可以这么说,一次12场比赛的兜风。联盟负责人都被你的职位和成就吓着了,特别是考虑到你最近遭受了重创,所以对于是否联系你一直很犹豫。因此,我自告奋勇来找你,看看你是否愿意在今年管理一支小联盟球队。"

"老朋友,"我难过地说,"我连自己的早餐都应付不了,更别提让12个正在努力挣脱家长管制的生龙活虎的孩子听我的话了,我决不可能接手这个工作。"

"约翰,我们都对你充满了信心,相信你一定能够成为一名出色的球队经理。你非常熟悉比赛流程和规则,而且是一个优秀的老师和榜样,你的队员肯定能从你对棒球的见解中学到很多,更能学到如何面对胜利和失败,如何对待队友和对手。老朋友,你的很多故事我一直都记得啊,这些孩子一定会爱上你的。"

"比尔,爱是双向的,恐怕我所有的爱已经埋葬在枫林公墓里了。"

"约翰,我会帮助你的,我绝对是个好教练。既然盛世公司给你放了暑假,这个机会正好使你在接下来的几个月里可以充实地度过每一天。老朋友,这或许是对你最好的治疗。"

我仍然摇了摇头。"对不起,"我小声说道,"我真的做不到。"

比尔站起身来,慢慢地走上队员席的台阶,朝本垒板走去。他突然停了下来,转身对我说:"约翰……我们最后一次一起参加棒球小联盟比赛,你还记得吗?我们队所向披靡,最终赢得了冠军。你还能想起我们队的名字吗?"

"当然记得了,我们是天使队。"

比尔点点头:"可惜啊,这个队到现在还没找到经理!"

我闭上眼睛,不知过了多久,我听到自己在问:"你是说选拔赛将在星期六早上举行吗?"

比尔靠近我,轻声说:"星期六早上9点钟,约翰,恳请你考虑一下。如果你改主意了,星期六早上8点半我去你家接你,好吗?"

"今天星期几?"

"星期四。"

当我们经过厚厚的绿草地,走向右外场那边的出口和停车场时,我落后了比尔几步。忽然我看到比尔绊了一下,不过他马上就恢复了平衡,弯下腰去。当他转过来时,手里拿着一个我所见过的破损最严重、打得最废、最饱经风霜的棒球。他把这个球放到我手里就转过身去,一句话也没有说。

4. 母亲的安慰

你不要再哭了,擦干眼泪,要相信,无论他们此时在哪里,都永远不会离开我们!

比尔把我捎到我家大门口就驱车离开了，而我却没有勇气走进去，只好到房子后面绕了一圈，然后穿过草坪走到草地上。一丛一丛盛开的浓密的卷丹百合，一路怒放到树林边际。十来株高大的野蓝莓树丛上开满了白花。我靠近其中一株，用手掌轻轻地抚摩那些娇弱的花朵。在我们还没搬进这所房子之前，萨莉、瑞克和我就曾沿着相同的路线来过这里，我至今仍然清楚地记得，当我指给萨莉看蓝莓树时她兴奋不已的样子。她高举双手，仿佛要把所有树丛揽入怀中，大声地喊道："等它们成熟了，你们两个男子汉就来摘，我保证把它们全都做成蓝莓派和松饼，让你们俩吃个够！"

我轻轻地折下一支小花蕾，把它插在衬衣口袋里，慢慢吞吞地走下缓坡，来到椭圆形的池塘边，坐在池边一块平坦的花岗岩上，那天我们仨也曾一块儿坐在这上面。房地产经纪人告诉我们，池塘里还有鲈鱼，于是我向瑞克保证，等我们搬过来住以后，他很快就会拥有自己的钓竿，我还会教他钓鱼。然而，我再也没有这样的机会了。

后来,我返回房子,走进有两个车位的车库侧门。我已经有三个多星期没开过我的林肯车了,我绕着它慢慢地转,查看四个轮胎有没有漏气。另外一个车位现在当然是空着的。除了水泥地面上两滴小小的棕色油污之外,再也找不到曾有一辆车停放在这儿的任何痕迹了。在通往厨房的走廊墙上,架着瑞克那辆崭新的20英寸红色哈飞牌"街头追风族"自行车,那是他的七周岁生日礼物。

在厨房里,我给自己沏了一杯速溶咖啡,就着咖啡吃了一些咸味饼干和花生酱,这几乎成了我每日例行的食谱。我坐在古董松木桌旁,在萨莉得知它们在乔治·华盛顿宣誓就职之前就被制造出来了,她就执意要买下这张桌子和配套的六把椅子。我盯着对面墙上挂着的华丽而独特的刺绣装饰品,据说那是一件刺绣图案样本,记忆如潮水般涌来:我深爱的母亲每当做完一天的家务,就会坐在她的柳条编的摇椅上,一边轻声吟唱歌谣,一边做一些十字绣工艺品,她在面巾大小的茶色亚麻布料上,用各种颜色的丝线绣上字母表、鲜花、乡村风光、水果,甚至整首诗。凭借超人的耐心和天赋,她在新罕布什尔州强手如林的市集比赛中赢得过很多奖章。

挂在我家厨房里的绣品由12行不同字体的大小写字母组成,它是母亲送给萨莉和我的结婚礼物。自从结婚后,不管搬到哪里,我们都会把它挂在厨房墙上。"有些人会在房间里挂一块旧的马蹄铁祈求好运降临，"萨莉曾对我母亲说，"不过，我们家里有您送的珍贵绣品就足够了。"这些年来，在我们拥有的每间厨房之中，只有这间乡村风格的厨房看起来最有家的感觉。在这个未装玻璃但有镶框的作品底部——"像过去的人们那样"，我记得母亲这样说——她绣上了自己的名字和完成日期：伊丽莎白·玛格丽特·哈丁，1954年8月。那时，我刚满四岁。

坐在悄无声息的厨房里，我小口地啜着咖啡，把饼干掰成小碎块，仿佛被催眠般看着这幅伴我度过多年的图案复杂的绣品。突然间，我想起了母亲看待死亡的一贯态度，即便是我父亲的过世也不例外。母亲是个非常虔诚的基督教徒，只要博兰镇有人去世，无论逝者是母亲的朋友还是陌生人，也无论灵堂设在殡仪馆还是逝者家中，她都会去为逝者守灵。当我还是个小孩子的时候，她经常带我一起去，而不是把我寄放在邻居家。此时此刻，我坐在厨房里面对着她的绣品，从前的记忆一下子全都涌上了心头，我想起了她如何安慰那些沉浸在悲痛中的逝者亲属。我坚信，这些年来她那些强有力的慰藉之言从未失效过，最近当我的一位朋友去世时，我还用它们来表达了我的慰问之情。

在与悲痛中的逝者的配偶、儿女、父母一一拥抱之后，我的母亲会柔声地对他们说："不要再哭了，擦干眼泪，要相信，无论你们的亲人此时在哪里，他都永远不会离开我们！"

我趴在桌子上，把头深深地埋在臂弯里。我似乎又听到了母亲那温柔的声音：**约翰，你不要再哭了，擦干眼泪，要相信，无**

论你的萨莉和瑞克此时在哪里，他们都永远不会离开我们！

星期五的早晨，我被割草机的轰鸣声吵醒了。博比·康普顿和他的家庭园艺工们正在做每周一次的例行工作。我没有像前几个星期那样，把枕头拉过来盖在脑袋上，而是起床洗了个热水澡，刮了胡子，穿上崭新的牛仔裤和干净的运动衫，走到屋外向博比问好。他一看到我就放下手里的割草器，赶忙跑过来，伸出手说："哈丁先生，我真为您难过。"

我点点头，对他说："谢谢你，博比。"

"每个星期五我们都会来这儿除草，不过我一直没有机会见到您，一切还好吗？"

"还行吧，我很高兴能请你们为我工作，这地方看起来好极了！"

"您还有什么特别的要求吗？"

"没有啦，你们继续干吧。"

"哈丁先生，昨天我在镇上的商店里碰到了凯莉女士，她一直很牵挂您，来过您家很多次，还试着给您打电话，但都找不到您。"

罗丝·凯莉是萨莉雇来的保洁员，她每周帮我们做一次家庭清洁。没过多久，我们全家就喜欢上了她，非常真诚地把她视为家里的一员，瑞克甚至开始叫她奶奶了。

"博比，谢谢了。我会跟她联系的，希望你们今天过得开心！"

"你也是，先生。"

给罗丝打电话之前,我喝了一杯橙汁、一杯咖啡,还吃了些干面包圈。

"噢,感谢上帝,亲爱的哈丁先生,又听见您的声音真是好极了!"

"我也很高兴。我很想念您,而且需要您的帮助。请原谅,在此之前我一直没有给您打电话……"

"噢,先生,我能理解。"

"话说回来,我家里变得又脏又乱,我一直没顾得上收拾,自从……自从……"

"我知道,我真的很难过。今天怎么样?我现在就过去,可以吗?您现在方便吗?"

"现在就行……或者您有空再来。罗丝,来了以后用力敲门,我家的门铃坏了。"

不到20分钟,她就来到了我家的前门。见面后我们拥抱在一起,泪如雨下,久久没有分开。之后,她将平沾满泪水的绿色手帕,走下楼梯,来到了清洁工具储藏间。尽管罗丝年逾60,体重不足90斤,但她的身体却不可思议的强壮,可以拖着我家那台吸力强劲的吸尘器打扫每一个房间。每次来做清洁,她只在中午休息一小会儿,吃一顿自己用纸袋子带来的简单午餐,在天黑之前就能使整栋房子焕然一新。当这位老妇人走进我的工作室向我道晚安时,我赶紧起身,走到她面前,轻吻她的脸颊。

"下周我什么时间来好啊?"她问道,"还是老时间星期四?"

我似乎又听到了母亲那温柔的声音：约翰，不要再哭了，擦干眼泪，要相信，无论你的萨莉和瑞克此时在哪里，他们都永远不会离开我们！

我伸出手,手心里是一把房子的备用钥匙,在车祸发生前不久萨莉和我就商量好给她的。"星期四可以啊,现在您有了我家的钥匙,以后如果我不在家,您也可以自己进来打扫房间,这样好吗?"

她点点头,眼角潮湿了,咬着下嘴唇,深吸了一口气,对我说:"哈丁先生,我打扫房间的时候,看到……看到很多萨莉的东西,您知道,到处都是。我不知道该怎样问您这些东西想如何安排,所以我就让它们保持原状。"

"这样就行,我会收拾的,恐怕即便把房间里所有她的东西都收起来,她仍然无处不在。"

听着我的一番话,泪水又一次从罗丝的脸颊滚落,她接着说:"我也不知道该如何收拾孩子的房间,所以我只是整理了一下床铺,把玩具收进了箱子,又掸了掸灰尘。"

"谢谢您,罗丝。下周见吧!"

我回到写字台前,坐在椅子上掩面而泣。我在做什么啊?保养地板?为什么?清扫房子?把瑞克的玩具收拾好?为什么?做了这些会有什么改观呢?该死!该死!我猛地拉开了右手最下面的那个抽屉,盯着里面那把丑陋的上了子弹的手枪。同样的老问题又开始在我的脑子里爆发。这里有什么东西值得我活下去?有什么人值得我活下去?又有谁?我的写字台上摆着一只破损不堪的褐色棒球,它就是我们离开球场时把比尔绊倒,然后他递给了我的那一只。我把它捧起来,紧贴在脸颊上。噢,上帝啊,请帮帮我吧!

5. 你的"天使"由你选择

对于最终选到他的经理和教练来说,可是个不小的挑战啊,他可能是被挑剩下的最后一个孩子。

星期六早上，比尔开着他的老别克车到来之前，我早就沿着车道走下去，靠在邮箱边上等了半天。看见我在等他，他又惊又喜，不过，在路上至少有五分钟我们一句话也没说。后来，一直目视前方的比尔摇了摇头对我说："老朋友，我真为你感到骄傲啊！"

"嗯，我觉得你最好还是先保留对我的评价，我不能确定自己在做什么，也不知道能否坚持下去。比尔，这种可能性很大，我很可能会让你失望，也随时可能临阵脱逃。你要理解我，并且做好思想准备，我可能做不到。"

比尔把座位旁的一块记事板拿起来递给我说："我昨晚打了一份报名参赛的全部球员的名单，有了它你就可以在选拔赛上把对每个男孩的评价写在上面了。工作人员会用厚纸板写下标在每个名字前的红色号码，别在每个男孩子的上衣背后，这样一来，教练和经理就可以很方便地对不同能力的孩子进行评判，写下他们的意见和排名。这种办法今年第一次使用，这会大大加快遴选队员的速度，星期一晚上，我们就能更快更容易地进行选拔会了。"

"标在名字后面的数字代表什么呢？"我问比尔。

"那是孩子们的年龄，提醒你一下，分界日期是8月1日。孩子们的生日必须在这个日期之前，满9周岁且不超过13周岁才能参加比赛——跟往常一样，他们的年龄必须在9到12岁之间。不过，今年的情况很少见，候选名单里没有9岁的孩子，所有的孩子都是10、11或12岁。"

"有些名字下面画了横线，这表示什么呢？"

比尔笑起来："我觉得其他三位经理比你有点优势，这么多年来他们一直生活在小镇上，几乎每一个孩子他们都认识。而且去年他们也都是球队的经理，所以他们对每个孩子的天分都了如指掌。名字下面画了线的12个孩子是我眼中最出色的运动员。画了双线的是我所记得的上赛季表现最好的三名投手。不过，这是你的球队，"他一边说一边拍拍我的膝盖，"你的'天使们'完全由你来选择。"

"但你会与我分享你这位专家的意见吧，对吗？"

"如果你需要的话。"他微笑着说。

我们刚刚下车，还在棒球小联盟的停车场时就听见了他们——孩子们——在喊叫，在欢笑，在招呼小伙伴，伴随着这些声音的是他们戴着皮手套接球时非常有节奏的砰砰声。时间尚早，不过看起来几乎所有参加选拔的孩子都已经来到了棒球场，做着他们认为有助于吸引经理或教练注意力的准备活动。

对我而言，几天前的下午跟比尔一块儿去那个安静而空旷的棒球场是一回事,但现在的情况却困难得多。我不知道自己会有什么样的期待,不过,孩子们不论模样还是声音甚至表现,与30年前的我们几乎没有什么不同。当时对于我来说,这块球场简直就是全世界最神圣的地方。我闭上双眼,聆听着球场上的声音,努力地回忆着我第一次参加棒球小联盟选拔赛时的情景。那时,刚过完九周岁生日的我心里又紧张又害怕,父亲开车顺路送我到这个球场。当我在停车场上与他告别,要转身跑向从未到过的棒球场时,他向我挥挥手,微笑着喊道:"儿子,祝你摔断腿(Break a leg)!"我明白他的意思,因为有天晚餐时我们曾提到过这个古怪的词组,当时母亲耐心地给我俩解释说,人们总是在演出之前用它来彼此祝福好运。他实际上是在说:祝你好运!

"约翰?"

我睁开双眼,比尔正在几码以外皱着眉头看着我:"你还好吗?"

我耸了耸肩,向他点点头。他指着一垒的队员席说:"趁着时间还早,我们去见见联盟负责人吧。"

博兰棒球小联盟主席斯图尔特·兰德已经与我相识了,当我和萨莉在当地储蓄银行开户时,结识了在银行任高职的兰德。他一看到我们走过来,马上从休息凳上站了起来,在比尔还没开口之前就向我伸出了手。"哈丁先生,能拥有您这样的伙伴,简直太令人高兴了!我们都张开双臂欢迎您的加入,同时,也要表达我们深深的同情。谢谢您愿意与我们的孩子们分享您的时间、精力以及丰富的棒球知识。我敢保证，有您这样的教练、导师和榜样，他们一定会成为更加优秀的球员和公民。请原谅，我又在长篇大论了，"他微笑着说，"不过，我的字字句句可都是真心话。您是一个非常特别的人，您的加入使我备感荣幸。"

我喃喃地道了谢，接着，比尔给我介绍了联盟的财务主管南希·迈凯伦，然后是理事会的三位成员，另外三个球队的经理和教练，以及一些孩子的父母，比尔刚刚介绍完，我就把这些人的名字全忘掉了。

最后，兰德主席吹响了脖子上挂的哨子，听到这一声尖锐的哨音，孩子们马上停止了投球和奔跑，喧闹地走到队员席后面看台的下面几排坐下来。刚才分散在看台上的家长们移动到上面几排就坐观赛。联盟主席耐心地等着每个人都坐好，频繁地向那些跟他打招呼的人挥挥手或点点头。当嘈杂的看台终于渐渐平静下来，他举起了右手，大声说道："博兰棒球小联盟的家长们、球员们以及各位朋友们，大家早上好！我是斯图尔特·兰德，本年度的小联盟主席，非常欢迎大家来参加第44届棒球小联盟开幕式。多年来，棒球小联盟已经骄傲地送走了几千名博兰青年，他们现在已遍布世界各地。我相信，凭借在这里学到的团队协作和公平竞赛的精神，学到的勇敢、坚持、服从纪律的品质，他们一定会成为更加优秀的成年人和公民！"

斯图尔特·兰德停了一下，微微一笑，然后继续说道："在接下来的几个小时里，有大量的工作需要我们来完成。在各球队经理和教练以及几位家长的大力协助下,我们会尽可能地给每一位球员一个展示自己击球以及在垒上和场上能力的机会。当我们的孩子们在这个历史悠久的棒球场上尽情发挥的时候,四位将在未来两个月内肩负重任的球队经理,会在场内每一组队员中间来回走动,对他们的表现进行观察、评判和记录。这样,在星期一晚上的选拔会上,他们将组建四个非常具有竞争力的球队,准备展开12场激动人心的锦标赛。"

比尔和我同其他几位经理和教练站在兰德身后。比尔扭过头来轻声对我说:"一会儿我再来找你。"然后慢慢向联盟主席走去,同时兰德对大家说:"现在,我要把这个早晨交给我和大家的老朋友比尔·韦斯特先生,他将负责协调各项活动。"

选拔赛一直持续到午后。每名球员都有六次在本垒板击球的机会,球一般是由投球水平最高的教练投出,他能一个接一个不停地投出好球。在击球期间,至少有六名队员要轮流站在本垒板后面接球,内场可以同时站四名球员,在其他球员击球时,他们在被安排的位置上接飞向他们的球。与此同时,另外一位教练和一名家长则站在右外场的边线后,向第二组球员击出高高的高飞球。大约在45分钟后,外场上的一组走回内场的队员席,依次击球,然后分配每个人在内场的位置,同时,刚才在内场击球和接球的球员换到外场去。当这乱中有序的一切在球场上进行时,人数较少的另一组已经在一垒队员席后面集合起来,那里放置着一块本垒板。这组球员要在半个多小时内向候选的捕手们不停地投球，这时四位经理会非常专心地观察他们的表现。通常在经理或教练的要求下，一名球员会从外场被叫过来，用几分钟投几个刻意控制的球——例如投几个靠近或越过本垒板的球。

直到中午前我才有机会和比尔交换意见。他像挥动高尔夫球杆一样挥着棒，走近我问："怎么样，头儿，你觉得如何？"

我把记事板递给他说："在这么短短的几个小时之内要想全面真实地评价每个球员真的很难。不过，我还是试着从一到十给他们打了分，并在旁边写了一些评语，以帮助我在星期一晚上的选拔会上想起来谁是谁。"

他花了几分钟仔细地看了看我的记录，点点头，把它递给我："约翰，我不用给你任何建议，你对投手有什么想法吗？"

我重新把记事板递给他："我在最棒的投手名字前面标了P1，第二名标P2，依此类推。不过，一切还要视选拔会当天的情况而定。我们第一个要选的毫无疑问就是我标了P1的那个孩子，他简直太出色了。"

比尔点点头："你的判断完全正确，去年11岁的托德·史蒂文森不但成为小联盟的最佳投手，而且击球超过400次，还击了五六支本垒打，不投球时打一垒位置。他的球技非常出众。你刚才是说给所有球员都打了分吗？"

"没错。"

"可是，在这个孩子的名字后面你什么也没写啊。"他说着，把记事板还给了我。

"我知道,你说的是36号吧,愿上帝保佑他,他实在太瘦小,动作缓慢又不协调……我真的不知道该写什么。但是,他从不放弃,一直没有停止奔跑,虽然在本垒板上一次又一次打不到投来的球,可他看上去从不为自己感到沮丧。你认识他吗?"

他凑近记事板,眯着眼睛看着上面的名字:"蒂莫西·诺贝尔,我不认识他,他们家一定是新搬到博兰镇的。"

我指指中外场上的那组球员,他们还在那里轮流接教练击出的高飞球。"比尔,从左边数第三个,穿着肥大裤子的那个男孩儿,你看到他了吗?你给我的那份名单上写着他今年11岁了,可他一定是球场上个子最小的。"

就在我们说话时,那个小男孩从球员中跑开,其他孩子都转过身去看他,还不时用胳膊肘互推,窃笑不已。很明显,轮到他接球了。只见他弯着膝盖,身体前倾,一次又一次用右拳击打手套。

"哦,上帝啊!"

"怎么了……我错过了什么吗?"比尔一边问我一边环顾外场。

"没什么……没什么。"

我怎么能够告诉他,当这个跟我七岁的宝贝儿子瑞克个头儿差不多的蒂莫西·诺贝尔蹲在那儿,踮着脚向前倾,等待接球时,从远处看简直和瑞克一模一样。教练挥动球棒,给蒂莫西打出了一个长距离的高飞球,蒂莫西只是朝天空挥动着双手,无助地在球底下打转。当球落下来的时候,他先向左转又向右转,接着跑了起来,然而双腿却绊在一起,一头栽倒在草地上。这时,旁边

　　当球落下来的时候,他先向左转又向右转,接着跑了起来,然而双腿却绊在一起,一头栽倒在草坪上。

那组球员都挤作一团，有几个还用手捂住嘴，以免笑出声来。

几分钟后，蒂莫西又一次没能接住向他打过来的球，球落在了几英尺之外。他跑过去把球捡起来，给教练扔了回去。然而，球落在了距蒂莫西不到40英尺的地方，其他球员又开始窃笑起来。蒂莫西快速地用右手背擦了擦双眼。

"他确实太弱小了，"比尔说，"我们的名单上说他几岁？"

"11岁。"

"唉，"比尔叹了口气，"对于最终选到他的经理和教练来说，他可是个不小的挑战啊。他可能要成为被挑剩下的最后一个孩子了，不过，根据规定，他必须参加每场比赛，至少要在外场防守六次，而且每场比赛至少要出场打击一次。恐怕无论他在哪个位置上，即便只上场两局，任何飞向他的球都会产生严重后果。"

我们抬头看又开始跑动的蒂莫西。这一次他跑过了头，以至于让一记又高又慢的球落到了身后。当他试图要突然停下来时，脚上那双破旧的运动鞋在草地上打了滑，他侧着身子倒在地上。但他很快就跳了起来，拍掉T恤衫上沾的草，使劲儿猛拉了一下旧棒球帽的帽沿，捡起球向前跑了几步，使出猛得让自己向后仰的力气把球投给击球的教练。这个球在空中划了一道小小的弧线之后掉在了草地上，继续向前滚着，最后终于停在了击球教练的脚边。一直在旁边看着他的球员们大声地欢呼，嘲弄地鼓起掌来。蒂莫西·诺贝尔转过身来面对这群起哄者，歪了歪自己的棒球帽。

"你看他，比尔"我柔声说道，"这孩子在微笑。"

6. 第12个天使

蒂莫西·诺贝尔成为了我最后的……我的第12个"天使"。

星期六下午，选拔赛结束后我回到家，坐在房子后面的露台上，读了两遍《棒球小联盟官方规定与比赛规则》，还用亮黄色的笔在许多段落画重点。

当我把这本64页的小册子读了两遍后，我注意到棒球小联盟主席撰写的一段短文，他扼要地说明了球队经理应该具备的领导素质，并将据此对他们进行评价。这些要求使我有一种似曾相识的感觉，仔细想来，其实这些都是优秀的领导者必备的品质，其中很多也是我在职业生涯中努力追求并一直秉承的信念，是普遍适用、亘古不变的。具备这些素质的人不仅可以成功地执教棒球小联盟的球队，也可以在公司的董事会中显露锋芒，它们就是：热情，理解，做一个好榜样，协作，团队精神，实现共同的目标，鼓励，赞美和永无止境的进步。上面所列出的每一种品质，对于任何领域的优秀领导者来说的确都是至关重要的。不过，我怎么也没想到，在一本棒球规则手册中能看到如此充满智慧、极具价值的忠告。

因为回顾了写在比赛规则中的上百条"允许"和"不允许",我不由地想起了自己在棒球小联盟中的经历,然而,它们很快就在我脑海中淡去了。主席简短而有力的要旨使我久久地审视自身,看看他是怎样一副可怜的模样啊!约翰·哈丁,一个鳏夫,没有至亲,最近"暂离工作岗位",悲观失望,没有目标,还有自杀倾向。这样的约翰·哈丁能够执教一支棒球队吗?根本不可能!我想加入其中的念头是多么的荒唐和不负责任啊!今天早上我看到的那些十分努力的好孩子们应该得到更好的指导。我该如何去鼓励他们呢?我有多少同情和怜悯能分给他们呢?当我还在为如何面对失去了自己的家庭而挣扎的时候,我该如何试着去了解他们的家庭生活呢?我又该如何将自己树立成他们的好榜样,使他们的心中充满热忱和渴望,教会他们如何积极地思考——决不服输,永不放弃!——而我,他们的经理,他们的领导者,正准备要放弃这场最伟大的比赛——人生,毫不在乎是否能看到明天的日出?事情会变成这样的确是我的错。在我抑郁沮丧时能被比尔·韦斯特说服是因为他是我的至交,然而,这对那些年轻且易受影响的孩子们是不公平的,在这样的年龄段,他们自己的问题本已经够多的了。对孩子们不公平啊!好在我还来得及退出。这时我不禁想起,每当我在商场上遇到那些自认为无法解决或不愿解决的问题时,萨莉就会像球队经理一样鼓励我。她会用双手捧起我的脸,直视着我的眼睛说:"亲爱的,我从未见过有什么事或什么人能够击败你,我也从未见过你放弃。你完全可以处理好这个问题的，就像你曾搞定的那些一样。做你自己，一切都会迎刃而解。"

我把规则手册塞进裤子的后兜，推开通往客厅的玻璃门，慢慢地走进房间，在壁炉前一码的地方停住了脚步，我的身体向前倾，伸出双手紧紧地抓住木质的壁炉架，眼睛盯着炉床。我右边有一个装满了引火用的木条和叠着的旧报纸的小铜桶，旁边有一个高高地堆着劈好的枫木块的黄铜柴架。萨莉坚持认为，只有当我们第一次点燃壁炉的炉火，才称得上新房子真正的主人，所以，入住之后她很快就打听到了当地的木柴供应商，然后运来很多木头，靠着车库的一面墙堆放了起来。我回忆着这些往事，一切清晰如昨，在3月的那个寒冷的夜晚，结束了在盛世公司难熬的一天，我很晚才回到家。一进门就发现了壁炉里熊熊的火焰，我深以为荣的妻子正焦虑不安地等待着我的反应。她的小手紧紧地握在一起，仿佛在祈祷，蓝色的眼睛睁得大大的，用一种渴盼的声音问道："嗯，我做得怎么样啊？"

我记得我是这样回答她的："亲爱的夫人，你可又给自己找了件苦差事呦，尤其是圣诞节早上，得够你忙的了！"

瑞克已经睡觉了，于是我们俩亲密地坐在沙发上，手握着手，头靠着头，满足地凝视着那金红色的火焰……

我从壁炉架前转过身看着空空的沙发，感到异常的失落和孤独。我拉开罩着壁炉口的黑色砂网，伸手进去打开烟囱的风门，不到十分钟，我的眼前便燃起了一道火。我往火里不停地添着柴，一直摞到柴架的顶端，再把砂网拉上，然后跌坐在沙发里——此时此刻不过是6月初,我却再也无法拥抱我的萨莉了……

由于政府预算的原因,在过去的二十多年里整个新罕布什尔州设立统一学区成为一种惯例,每个学区的学生都来自几个相互毗邻的小镇。不过,博兰镇是一个非常独立的小镇,它拥有自己独立的教育系统。当比尔·韦斯特在星期一晚上把车驶进博兰中学的停车场时,我又经历了一次时光倒流的旅程。虽然黄昏已至,我仍然看得出那一排单层红砖建筑看起来和1967年我毕业时没有什么两样。我们顺着铺有抛光砖的走廊走进去,还是漆成淡棕色的墙面上挂着几个贴有通知和学生作品的软木布告栏。在一扇门前我停下了脚步,它的磨砂玻璃上方漆着一个金色的"4"。比尔转过身来看着我,我对他解释说:"这是我高三那年的教室,进去看看应该没什么关系吧?"

"有什么不可以啊。"

可惜教室的门锁着。

我们沿着走廊继续往前走,进入了8号教室,选拔会将在这儿举行。斯图尔特·兰德和南希·迈凯伦站在讲台旁,在他们身后的大黑板上写着星期六早上参加选拔赛的所有球员的名字。

"晚上好啊先生们!"斯图尔特大声说道,"请随意就座,几分钟后我们就要开始了,谢谢大家!"

我跟着比尔向教室后面走去,与他的老朋友们一一握手致意。尽管我在选拔赛上全都见过他们,比尔还是重新帮我介绍了其他经理和教练。我们在前面找到两个空位子,很费劲地把自己塞进了两个小小的课桌后面。

"我想,自从60年代末以来我们俩都长了不少。"比尔拍拍肚子笑着说。斯图尔特·兰德用尺子敲了几下玻璃杯,于是,所有的交谈声和嬉笑声都消失了。

"好了,各位,在我们开始本年度的选拔会之前,让我快速地重申一下几个重点。去年为某队效力的球员今年并不自动成为该队的队员。所有的球员都将通过你们的选拔分配到每个球队参加本赛季的比赛,没有人会被剩下。大家都明白了吗?"

兰德环视整个教室,直到有几个人点了点头。

他继续说道:"曾有人问我为什么不吸纳女孩子加入联盟比赛。当然,她们跟男孩子一样完全有权参加这项比赛,而且在过去的许多年里,她们也曾经参加过。然而,在我们镇上各年龄段的女子垒球运动已经非常流行,年轻的女孩们都选择加入她们自己的联盟比赛。因此,本年度我们的球队将由清一色的男孩组成。"

"现在……在我们正式进行选拔程序之前,我想请大家帮我一个小忙。请各队的经理站起来介绍一下自己和球队的名字,并用简短的语言告诉大家今年你想达成的目标。"

兰德耐心地等待着,直到一位身着纽约扬基队T恤、肌肉非常发达的男士站起来说道:"我叫希德·马克斯,我会在我右边这位温文尔雅的绅士唐·波普的协助下管理扬基队。这是我第三年担任经理了,能训练这些孩子我感到非常荣幸。我最热切的希望和祈祷就是，唐和我能教给他们一些成功人生必备的心态——最重要的是平和与满足。"

接下来，一位个子很高，头发灰白，身着一套做工考究的西装的男士站起来说道："我名叫沃尔特·哈钦森，我将和教练艾伦·拉马尔共同管理小熊队，艾伦今晚因为工作原因不能来参加选拔。这是我第二次参加联盟比赛，尽管我非常希望提高去年垫底的战绩，但我知道我们的比赛除了赢球之外还应该有其他的目标。我的人生经验告诉我，参加棒球小联盟比赛的球员们所得到的非凡锻炼，将会有助于他们在青少年时期形成优秀的人格。"

"我是安东尼·皮索"，坐在我前面的一位短小精悍的男士开始发言了，"我恐怕是整个新罕布什尔州内唯一一个管理小联盟球队的祖父级经理了，今年我将和杰瑞·怀特一起掌管海盗队。我已经当了六年经理了，前三年我孙子一直在我的队里，不过现在他搬到亚利桑那州去了，正是他把我带到了这项赛事之中。在这六年里我们获得过两次冠军，因此，我希望今年也能带出一支出色的球队。这可能是我最后一次当经理了，因为我的医生认为我在比赛中会过度激动，而这对我的心脏是非常不利的。在赛季结束的时候，我希望能抬头挺胸地走出小联盟，不过更重要的是，我希望再一次帮助12个孩子，在那条叫做人生的艰难道路上朝着正确的方向前行。"

当皮索微笑着坐下时，教室里响起了几声轻轻的掌声，有人在我身后大声地说："简直就是一位政治家在演说啊！"众人都转过头冲着那位老先生笑了笑。我感到有些不解,看了看比尔。

"安东尼是镇财务主管,好像已经做了二十多年了。老兄,现在轮到你了。"

我站起身,深深地吸了一口气,说道:"我名叫约翰·哈丁,我将在好朋友比尔·韦斯特的大力帮助下管理天使队。能够在多年后重新成为博兰棒球小联盟的一员,我感到非常的荣幸,衷心地感谢你们给予我指导这些好孩子,并与他们共同努力的机会。我很清楚在这个重要的位置上我还有很多东西要学习,我希望当我需要帮助时大家都能不吝赐教。我们有责任让这些宝贵的生命充分展现自己全部的潜力。作为这项赛事的一分子,我深深地以它为荣。"

斯图尔特先生微笑着朝我点了点头,然后对大家说:"先生们,谢谢你们!现在……重要的时刻终于到来了!我们的球员选拔程序的规则非常简单,你们四位经理每人先从我的旧棒球帽里各抽取一个数字,抽到1的经理第一个选,抽到2的第二个选,依此类推。然后,为了公平起见,并且使各队队员的资质基本均衡,第二轮选拔我们将以第一轮的逆序进行。第一轮第四个选的变成第一个选,第三个选的变成第二个选,然后依此类推。因为我们一共有48位符合条件的候选球员,所以我们总共要选12回。每当你们选中一名球员,南希就会给你们一张写有那名球员的家庭住址、父母姓名和电话号码的信息卡。这样,你们就可以打电话通知这些孩子们他们被哪支球队选中了,以及第一次训练的时间和地点。

现在黑板上只剩下一个名字没有被粉笔划掉,蒂莫西·诺贝尔成为了我最后的……我的第12个"天使"。

"最后要强调的一点是,希德和沃尔特的儿子今年都参加了小联盟,他们都是非常优秀的球员,为了沿袭本地的规矩和习惯,他们将被视为在第二轮选入其父亲的球队。我相信,这对于四支球队来说是比较公平的做法。不过,如果有人反对,我们现在可以听听他的想法。"

显然,没有人对此有异议。

"那么,先生们,这个帽子里有四张叠好的纸条,请你们依次到这边来,每人从帽子里抽出一张交给南希。"

我排在队尾,于是斯图尔特直接把我的那张纸条交给了南希,待我们回到座位上南希就打开所有纸条,把结果记在她的便笺簿上,然后把本子交给了斯图尔特。

"先生们,你们进行选拔的顺序已经出来了,新手的好运!天使队的约翰·哈丁第一个选,扬基队的希德·马克斯第二个选,小熊队的沃尔特·哈钦森第三个选,下面……抱歉,海盗队的安东尼·皮索是最后一个。约翰,你选好了你的第一位'天使'了吗?"

"选好了,天使队要选托德·史蒂文森。"

慨叹声和抱怨声顿时充满了整个教室。希德·马克斯转过头,冲我笑着说:"托德投球的六场比赛会全胜,所以说你已经稳赢六场,只要再打赢剩下六场中的三场,就能获得冠军啦!"

"希德……希德……要是有那么简单就好了。"比尔叹了口气,说道。

"我知道,约翰,只是开个玩笑啊!"

整个选拔会持续了将近两个小时，其他教练和经理一遍又一遍地研究自己的记录，他们还时不时地跑到教室外面的走廊里私下商量。很明显，从一开始他们就非常熟悉球员们的资质。幸运的是我有比尔在身边，当我们一轮一轮地进行挑选时，我非常依赖他的判断。

最后一轮开始了，只剩下四名尚未被选中的候选者。在黑板上以及经理和教练的球员名单上，其他球员的名字已经被粗粗的线划掉了。比尔将身子探向我，看了看我手里的名单，指着其中一个还没被划掉的名字，蒂莫西·诺贝尔。我看了他一眼，他使劲儿摇了摇头。我们已经选好的11名队员看上去已然是一支非常平衡的队伍，我很满意我的天使队，至少在纸面上是如此。现在，只剩下一个选择了。

没过多久，皮索、哈钦森和马克斯都在我们前面做出了选择，现在黑板上只剩下一个名字没被粉笔划掉。

蒂莫西·诺贝尔成为了我最后的……我的第12个"天使"。

7. 不会飞的小天使

> 他褐色的眼睛睁得大大的,我第一次注意到这孩子两颊上有一道横过鼻梁的淡淡的雀斑,他使劲儿点了点头。

在接下来的三个星期里，参加小联盟比赛的四支球队每周会有两个下午进行训练，时间一般来说是下午4点到6点。在周一晚上的选拔会后，南希给我们每个人发了一份时间表，上面注明了每支球队每周两次的训练一次安排在博兰小联盟比赛场，另一次在球场后面的那块比较小的练习场。这是一块属于小镇的棒球场，与它毗邻的是一个游乐场，里面秋千、沙堆、跷跷板一应俱全，甚至还有几个专门为老年人设置的马蹄形球场。

在几周的练习之后，正式的比赛将会吹响号角。每一支球队都要进行12场比赛，每周两场，一共持续六周时间。每支球队都要和其他三支进行较量。所有比赛都定于星期一、星期二、星期三和星期四的下午5点，在棒球小联盟比赛场上进行。如果恰逢下雨，比赛就顺延到星期五或星期六上午进行。如果实际情况需要，两场顺延的比赛都可以在星期六进行。在每支球队结束了12场比赛之后，取胜场数最多的两支球队将争夺本赛季的冠军。

选拔会结束后，在我们回家的路上，比尔·韦斯特说他要打电话通知我们选中的队员，我们的第一次训练将于下星期二下午4点在棒球小联盟比赛场上进行。我对他说，既然由我来管理这支球队，打这个电话应该是我的职责。听到我这么说，他先是非常惊讶，继而显得很高兴，咧着嘴冲我赞许地点点头。

星期二晚上刚过7点，我就坐在书房的写字台前，准备向12位年轻的天使队成员通知训练的相关事宜。我先整理了一下南希发给我们的每个队员的信息卡，一个个地读了一遍花名册里的名字，我忽然觉得我们不仅是在选拔博兰小联盟球员，更像是在选拔全美小联盟球员，他们是：托德·史蒂文森、约翰·金葆、安东尼·朱洛、保罗·泰勒、查尔斯·巴里奥、贾斯汀·纽伦堡、罗伯特·墨菲、本·罗杰斯、克里斯·朗、杰夫·加斯顿、迪克·安德罗斯和蒂莫西·诺贝尔。

在星期一的选拔会后，比尔·韦斯特开车捎我回家，告别时他给了我一个善意的忠告：参加比赛的大多数孩子与他、其他三位经理和教练都很熟悉，只有我是小镇上的新人，未知的因素可能导致队员们产生不安和不确定感。我很感谢他这明智的提醒。在给队员们打电话之前，我在本子上做了一些笔记，简单地草拟了一下电话里要说的事情，以及需要重点强调的内容。在拨通每一个队员家里的电话后，我先说明自己的身份，然后无论是谁接的电话我都会先找队员本人来接。我首先欢迎他加入天使队，接着告诉他因为他的出色球技我们选中了他，第一次训练的时间是下周二下午4点。接下来，我会询问他是否骑自行车去球场，每

7. 不会飞的小天使

次6点钟训练完是否有人接他。我发现,他们中的很多人都住得很近,骑自行车去就可以了,我忘记了镇上的孩子们都很独立。和我的队员聊上一会儿之后,我会请他的父亲来接电话,我会向每位家长做自我介绍,告诉他对于招募他的儿子为队员这件事我深感荣幸。在比赛期间,只要他想和我谈谈关于他儿子的事,随时都可以打电话到我家来。最后我会表示,自己非常希望能尽快在训练或比赛期间见到每位家长,衷心感谢他们对我的支持。如果我打电话的时候孩子的父亲恰好不在家,我就会与他的母亲进行类似的交谈。我的最后一个电话是打给小蒂莫西·诺贝尔的。

"请问你是蒂莫西·诺贝尔吗?"

"是的。"

"蒂莫西,你好,我是约翰·哈丁,棒球小联盟天使队的经理,我打电话来是要告诉你,今年你将作为天使队的球员参加比赛。"

"太棒了!!!"

"咱们的第一次训练安排在下周二下午4点钟,地点是棒球小联盟比赛场,你记住了吗?"

"我记住了,先生!我会准时到的!"

"你能骑车去球场,然后再骑回家吗?咱们的训练要到晚上6点钟才能结束——以后一直都是这样。"

"先生,我有一辆自行车,我会骑车过去的。哈丁先生,您能告诉我还有谁也入选了天使队吗?"

"当然可以,有托德·史蒂文森、保罗·泰勒、约翰·金葆、安东尼·朱洛……你都认识他们吗？"

"我要与他们并肩作战啦？哇哦！他们都好棒啊！我们一定是一支优秀的球队，一支超级强队！"

"蒂莫西，我对你也很有信心啊。你父亲现在在家吗？如果可以的话我想跟他聊两句。"

小男孩欢快的声音突然降了几个八度，他很快用平板、低哑而不带感情的语调答道："我爸住在加州。"

冷不防地，我迟疑了一下。我该如何回答他呢？最后，我支支吾吾地对他说："哦……那，我能跟你母亲说话吗？"

"她去上班了还没回来。"

我看了看表，已经7点40了。

"哦，嗯……那好吧，蒂莫西，我们星期二下午见。"

"好的，还有……哈丁先生？"

"什么事？"

"很感谢您选中了我，我会好好表现给您看的。"

慢慢地挂上了电话，我的心突然狂跳起来。在和蒂莫西通话时，我把头扭向左边，离我很近的墙上挂着很多镶框的家庭照，其中有一幅瑞克的彩色放大照，他戴着一顶稍微有些大的棒球帽蹲在地上，摆出手持铝制球棒横过右肩的威武姿势看着镜头。我站起身来，从屋子里慢慢地到走露台上，无力地跌坐在摇椅里，出神地望着远处的树林直到深夜。

等待球队第一次训练的七天里，日子漫长又难熬。我非常努力地想填满清醒着的每一分钟,我去做各种各样的事情,包括脑力的也包括体力的,好让自己不会再跌进绝望的泥淖。每天早上7点我就强迫自己起床,吃过早餐后到房子后面的树林里散步。然后拿出红色粗绒布高尔夫练习袋和短球杆,在后院里一杆接一杆地把球从一个旗杆打向另一个旗杆。天黑之后,我进行大约一小时的慢跑,然后回家洗个热水澡,换上睡裤和睡袍,坐在餐桌前看一会儿书,尽管那里的椅子远没有其他房间的舒服。在为了升职加薪而不断努力的职场生涯中,我买了很多畅销全世界的自助和励志类的经典图书,比如詹姆斯·艾伦(James Allen)的《人生的思考》(As a Man Thinketh)、拿破仑·希尔(Napoleon Hill)的《思考致富》(Think and Grow Rich)、诺曼·文森特·皮尔(Norman Vincent Peale)的《积极思考的力量》(The Power of Positive Thinking)、W. 克莱门特·斯通(W. Clement Stone)的《成功的资本:积极心态的伟大力量》(Success Through a Positive Mental Attitude)以及威廉·H. 丹福思(William H. Danforth)的《我敢说你行》(I Dare You)。现在,我每天晚上都会花上很多时间来阅读这些书,希望能在其中找到一些充满智慧或慰藉的箴言来帮助自己面对失去亲人的痛苦。在一本皮质封面的19世纪名言选集中,我终于找到了一些宽慰人心的宝贵话语,它们出自本杰明·富兰克林(Benjamin Franklin)和公元前四世纪的古希腊戏剧家安提法奈斯(Antiphanes)。

在一位密友的葬礼上,富兰克林安慰伤心的亲友:"每个人都是天使，我们的朋友以及我们每个人都已受邀去参加一场永不落幕的欢乐派对，只不过他的席位先准备好了，所以他先我们而去。我们只是不能同时启程，既然我们很快就会随他而去，而且很清楚到哪里能找到他，你我为什么还要因此而悲伤呢？"

令人感到惊讶的是，早在两千多年前，安提法奈斯也写下了这样的文字："不要因为失去了所爱的人就无休止地悲痛。他们并没有死去，只是结束了我们每个人都要走一遭的那段旅程。总有一天，我们都会到那个美妙的地方去的，在那里重逢，在那里团聚，以另一种形式生活在一起，永远不分开。"

这让我再一次想起了母亲给那些承受失去亲人之痛的人们的安慰。然而，无论是谁在劝慰我们，接受这些劝慰仍然需要信仰的巨大力量。上帝啊，我多么想相信他们的话啊！

在漫长等待的一周里，我恢复了日常生活中的两件事情，接电话和开汽车。不知在一股什么力量的驱使下，星期三早上我拿起了话筒，听到了比尔在电话另一端惊喜的声音。从那以后，每天早晨他都会给我打个电话，问我过得如何。至于开车，其实我并没有什么地方想去，只是在某天下午把车开出了车库，在新罕布什尔州的偏僻小道上兜了几个小时的风。尽管我做了种种努力，但是，每天我仍然至少会到书房去一次，拉开写字台最下面的那个抽屉，盯着手枪出神地看一会儿。有一次，我甚至把它从抽屉里拿了出来，在手里握了好几分钟。这个致命的东西让人感到非常冰冷，就像刚从冰块里取出来一样。

在我们第一次训练那天,我驾车前往棒球小联盟比赛场,虽然我提早了很长时间,比尔·韦斯特却在我之前就到了那儿,我看见他时,他正从汽车后备箱里搬出两个大帆布包,其中一个装着捕手的装备和几盒棒球,另一个装满了头盔和球棒。

"我来帮你吧!"我一边喊着,一边追到比尔身后帮他提起一个包。我们一起走进围栏的入口,朝着最近的一垒后面的队员席走去。这时,一些先到的队员马上向我们跑来。与此同时,在停车场上,几位队员的母亲刚把自己大有前途的儿子送来。

比尔给队员们分发了棒球,让他们自己配对开始热身练习。有些队员穿着蓝色牛仔裤和T恤,有的男孩去年才做的棒球裤今年已经紧紧地绷在身上了,有些穿了专业的棒球鞋,有些穿的是厚底或薄底帆布鞋。很快队员们就站成了两排,每排六个人,互相投球热身,他们有的看起来很严肃也有点紧张,有的则嘻嘻哈哈很放松。比尔和我随意地走到队员身边,向每个孩子自我介绍。我们先和他们一一握握手,然后告诉他们,我是约翰·哈丁,他是比尔·韦斯特。如果他们不想叫我们的名字,就直接叫我们俩"教练",在这里不需要"先生"或"阁下"这样的称谓。同时,当我们与每位"天使"交谈时,会询问他喜欢打哪个位置,以及是否参加过上年度的棒球小联盟比赛。渐渐地,我们可以感觉到,所有的队员都开始放松下来,笑容在他们的脸上绽放。

令我惊讶的是,我们竟然在第一次训练时做了那么多事。比尔让几组队员到游击手和二垒手的位置上,然后向每个队员击出几个球,他们必须接住球,再传给一垒位置上的两个候选球员。我站在右外场的游击手位置,仔细地观察着队员如何移动和回应比尔的击球。在所有的孩子中,安东尼·朱洛和保罗·泰勒两个人的接球是最完美的,给一垒投球的准确率也非常高。泰勒穿着一件紧身T恤,上半身显得十分结实,我相信他一定投入了大量的时间和精力来锻炼。

我们不断重复相同的过程,向每个外场候选球员击出几个地滚球和高飞球,还要求他们接住球之后再投给我们唯一的候选捕手约翰·金葆,以便寻找臂力强劲的球员,准备培养出一两个候补投手。结果发现查尔斯·巴里奥和贾斯汀·纽伦堡的投球速度很快,做投手应该够格。

最后,比尔给小蒂莫西·诺贝尔击出了三记高飞球,其中两个他没接住,而第三个球碰到他的手套弹了起来,远远地滚落在他身后,打给他的地滚球则从他的两腿之间直接穿过去。

在星期四我们的第二次训练课上,基于对第一次训练情况的观察,我们组建了一个临时阵容,然后仍由比尔给每个位置击出地滚球和高飞球,同时我在场内四处走动,告诉队员们接高飞球的最好方式、怎样摆姿势接地滚球最好以及最为重要的,如何正确传球。捕手约翰·金葆给我留下了深刻的印象,他个子不高但肌肉发达,臂力超强,已经连续两年参加了棒球小联盟比赛。任何一支棒球队,无论是业余队还是职业队,如果没有一个出色的捕手,就会处于非常困难的境地。所以,能拥有金葆是天使队莫大的幸运。

我们的第三次训练课是在小联盟比赛场后面的那块场地上进行的，这次训练的重点是击球，我一直不断地投球给队员打，最后累得手臂都开始颤抖了，比尔则在一旁做记录。我们俩不时停下来纠正他们的击球姿势、跨步和挥棒。毫无疑问，托德·史蒂文森成为了我们的明星投手，同时也是最佳击球手，他把我投过去的好几个球都击出了球场外，欣赏他流畅的左手挥棒动作简直就是一种享受。我们的捕手金葆，队友们已经给他起了外号叫"坦克"，他和保罗·泰勒以及高大的贾斯汀·纽伦堡的击球也都很出色。当托德做投手时，贾斯汀·纽伦堡适合在一垒位置上；而如果由其他人做投手的话，我们会让托德当一垒手，这样我们就可以充分利用他强有力的击球优势，我们可能会安排贾斯汀到他本来就很适合的外场。

虽然仅仅进行了三次训练，我们就有八位队员具备了先发的水平——他们是史蒂文森、金葆、朱洛、泰勒、纽伦堡、巴里奥、墨菲以及击打稍弱却是天才游击手的本·罗杰斯。其他三位队员克里斯·朗、杰夫·加斯顿和迪克·安德罗斯也显示出了自己的潜力，只要多加练习并积累经验就一定会进步。只剩下蒂莫西·诺贝尔了，在击球方面他是最差的一个，我试着以最慢的速度投球给这个小家伙，但是他的姿势实在太笨拙了，击球也太差劲，每当他挥棒落空，他的新队友就会发出笑声，我都替他难为情，最后我转过身瞪了他们一眼，他们才安静下来。

　　我蹲下来，好在说话时与他平视，在他往前迈了小半步的那一瞬间，我以为这小家伙要扑进我的怀里。

我瞥了一眼腕上的手表。我们曾通过孩子们跟所有的家长作了承诺,我们的训练不会超过晚上6点钟,他们可以据此安排晚餐。现在还差5分6点,我击了几下掌后喊道:"好啦,小伙子们,我们今天就到这儿了!星期四下午4点,小联盟球场上见!"

几乎所有男孩马上奔向停车场,骑上自己的自行车或是钻进来接他们的车里。只有蒂莫西仍然站在本垒板上,非常专注地前前后后地挥动着球棒。我朝队员席看了一眼,比尔正把球棒和头盔往一个帆布包里装,球场上只剩下了我们三个人。我缓缓地走向本垒板,对蒂莫西说:"蒂莫西,我们谈谈好吗?"

"当然。"他答道,声音在微微颤抖。

"蒂莫西,"我对他说,"我相信只要你肯努力,多花点时间来练习,你就会成为一名优秀的球员。一分耕耘自有一分收获嘛。当所有队员都在这儿训练时,我很难只给某一个队员开小灶,不过,如果你愿意,我可以帮你练练击球和防守。告诉我,你愿不愿意在每次训练后留下来再练半个小时?就我们两个人,主要练一些基本功。我相信只要下点工夫,我们就能够提高你的挥击能力,或许我还能教给你一些接高飞球和地滚球的诀窍。在正式比赛之前我们还有三次训练课,你觉得怎么样?"

我蹲下来,好在说话时与他平视,在他往前迈了小半步的那一瞬间,我以为这小家伙要扑进我的怀里。

"我非常愿意!"他咬着下嘴唇说。

"你母亲会介意吗?这可能会打乱她晚上的安排吧,晚餐也要推迟。你说呢?"

"没有关系,她在康科德城的艾德超市上班,星期一到星期六都得从上午11点干到晚上7点,每天晚上不到8点钟不会到家。"

不知为何,我发现自己强忍住眼中的泪水。

"那好,蒂莫西,我们就这么安排。今晚怎么样?希望现在就开始吗?"

他褐色的眼睛睁得大大的,我第一次注意到这孩子两颊上有一道横过鼻梁的淡淡的雀斑。他使劲儿点了点头。

"那么,蒂莫西,不要跟其他孩子说这件事呦,我们都不愿意让他们以为我在给你开小灶,对吧?"

他再次点了点头。

我转身走向队员席,尽管因为离我们太远,比尔·韦斯特并没有听见我们的对话,不过他还是微笑地望着我们。还没等我说话,他就对我说道:"约翰,我把装着棒球和球棒的袋子留在这儿了,我想这里不需要我了,你们俩练得开心哦。两位,星期四再见吧!"

"晚安,比尔!"

8. 每一天在每个方面我都会越来越好

这句话能够使我保持乐观自信，对未来充满希望，虽然偶尔也会遇到点小挫折，但我一直保持着积极的心态，深信明天会更好。

在比赛前十天的最后三次训练中，天使队整体水平的突飞猛进远远超出了我和比尔对他们的预期。我敢肯定，对于各种运动项目，绝大多数教练都会将大量的时间花在提高队员的技术上。然而，面对这些生性活泼、充满活力，却无法对一件事情保持五分钟热度的孩子们，我们的主要任务就是帮他们练好防守、击球、跑垒的基本功，并熟悉比赛规则。

在每次训练中，第一个小时我们一般都是做击球和跑垒练习，第二个小时用来练习防守和复习比赛规则。从第四次训练开始，我让托德·史蒂文森、保罗·泰勒、查尔斯·巴里奥和贾斯汀·纽伦堡提前30分钟到棒球场来锻炼投球的臂力，我让他们轮流把球投给比尔或我，以便近一步评估他们的潜力。当然，托德毫无疑问是我们的王牌投手，其他三人则将竞争投手的轮换位置。比尔·韦斯特说，在上个赛季中泰勒和巴里奥作为投手至少赢过一场比赛，而纽伦堡训练得相当刻苦，因此我们也不能忽略他。

为了做击球练习，比尔和我轮流投球，当一个人轻轻地把球投向本垒时，另一个站在击球手的右后方指导或纠正他们。建议他们换支球棒，通常是轻点的；站得离本垒近一点或远一点；给他们演示如何一边挥动球棒一边流畅地移动脚步，而不是傻傻地向着球冲过去，等等。比尔告诉身强体壮的保罗·泰勒，应该分开两腿与肩同宽，泰勒是三垒手，同时也是很有希望的候选投手。这个舒服且扎实的击球姿势让充满激情的保罗击出了跃过中外场和左外场围栏的长距离高飞球。我们发挥稳定的游击手和外场手本·罗杰斯似乎只会向下削球，所以要不就是完全没打中，要不就是把球打落在地上，很难想象一个接球如此优雅的人打起球来却如此笨拙。于是，在这个十分安静不爱笑的孩子挥棒之前，比尔扳了扳他的肩膀和屁股，让它们保持平衡，很快他的击球能力开始有了起色。在连续击出三个飞向中外场和左外场的长距离高飞球之后，他猛地击中了我投的一个球，球不但飞过了左边线，还越过了围栏至少十英尺。当本从我身边跑过到外场去捡球时，一直闷闷不乐的他终于露出了笑脸。

为了在有限的可用时间里尽可能多地进行训练，我们还尝试着将跑垒和防守练习结合起来，我们再三向队员们强调，对于跑垒员来说，每时每刻都确切地知道球在哪里是多么的重要，因为他们必须尽可能地积极跑垒。此外，我们还进行了触击球的基础训练，一遍遍地用秒表给每个队员计算他们从本垒跑到一垒以及从一垒跑到二垒的用时。在这项训练中，小不点安东尼·朱洛和托德·史蒂文森速度最快，而我们的捕手"坦克"金葆从一垒跑到二垒却花了很长时间，于是我们队里的活宝罗伯特·墨菲笑他太慢了，简直不该叫"坦克"。

利用最后30分钟的训练时间，我们带领队员们全神贯注地复习了一遍比赛规则。我们知道，逐条解说64页《棒球小联盟官方规定和比赛规则》的全部规则和大小条款是不可能的，不过我们尽量集中讲解了相信会一再发生的情况，例如，为什么球员在跑垒时应该防止被球击中；一旦球员安全上垒，在什么时候能够离垒什么时候不能；特别是球员应如何面对观众、对手和裁判以及犯规后的处罚。

当然，我现在又多了一件可以帮我消磨时间、转移思绪的事情：在每次常规训练之后，与蒂莫西·诺贝尔一对一练习。在第三次训练结束后的那个下午，他爽快地答应接受我的额外指导，这让我又惊喜又感动。正是在那天，我们第一次单独坐在安静的队员席上进行了一次长谈。

"蒂莫西，告诉我，你以前经常打棒球吗？"

蒂莫西紧挨着我坐在长凳上，他的腿很短，够不着地面。他盯着自己晃来晃去的腿呆呆地看了几分钟，然后慢慢地摇摇头，回答说："以前没打过。我爸爸是个军人，我们以前在德国柏林附近住了很长一段时间，那里的孩子都踢足球。我喜欢足球，但因为我跑得不够快，所以踢得不好。去年我们回到了美国，住进了博兰镇，但很快我爸爸就离开了我们，再也没有回来。我妈妈非常伤心，不久之后，他们就离婚了。"

蒂莫西再一次用他上次在电话里那种平板、不带感情、宛如玩具机器人的语调说话:"**我爸走了,那天我已经跟您说过了,以后我们别再提了。**"

"这么说,你只打过一年多的棒球?"

他使劲儿点点头,微笑着把露在帽子外面的金发缕进旧旧的棒球帽里。接着,他挺起小胸脯,向前蹬了几下腿,握紧双拳高高地举过头顶,大声地喊道:"每一天在每个方面我都会越来越好!"

"你在说什么啊,孩子?"我被他吓了一大跳,喘口气问道。

"每一天在每个方面我都会越来越好!"

我简直不敢相信自己的耳朵,太不可思议了!我深呼吸了好几次,努力想平复自己的心情,我无论如何也无法想象,这个小男孩居然能一字不差地复述这句在我生命中扮演过重要角色的极具力量的话。在我早年攀登事业阶梯时,曾给过我最重大、最积极影响的是一本叫做《自制源于有意识的自我暗示》(*Self-Mastery Through Conscious Autosuggestion*)的小书,它的作者是19世纪末20世纪初法国心理学家伊迈尔·寇艾(Emile Coué)。寇艾坚信,只要人们学会了不断地进行积极健康的自我暗示,他就能够帮助人们摆脱从严重的身体问题到负面的心态等几乎所有的痛苦。寇艾最终成为了一位伟大的精神领袖,在20世纪初,来自英国和美国的数千人慕名去听他的讲座。听后很多人都相信,只要不断重复自己积极的目标和愿望,就能甩掉生命中各种各样的疾病和伤痛。这个法国人最著名的自我肯定的名言是:"每一天在每个方面我都会越来越好！"千百万人在心中大声地重复着这句话，一遍又一遍，一天又一天。某天，当我在一家二手书店闲逛，在一本很薄的黑皮书里发现了这句话后，我也开始日复一日地在心中重复它。这种强大的自我肯定的方式对我很有效，我想，究其根本就是因为我相信这句话，它们能够使我保持乐观自信，对未来充满希望，虽然我偶尔也会遇到点小挫折，但我一直保持着积极的心态。我深信明天会更好，我一定会出人头地！我一定会成功！当我面对外部的世界和内心的自己，大声宣告"每一天在每个方面我都会越来越好！"时，任何负面的想法都会被我远远地抛在脑后。

　　寇艾和他的自我心理暗示法早在经济大萧条之前就已经衰落，就像医学和心理学领域的所有先驱一样，他也受到了很多批评。不过，从我个人经验来看，无论是大声说出还是在心里默念，只要不断地自我肯定，一种积极的思想就会进入我们的潜意识，从而产生正面的结果，而我的座右铭也正是这句"每一天在每个方面我都会越来越好！"

　　"蒂莫西，"我终于合上了因为惊讶而张大的嘴巴，深深地吸了口气，问他，"你是从哪儿学到这句话的？"

　　他皱了皱眉头，狐疑地看着我，过了一会儿才说道："迈时捷医生告诉我的。他人很好，虽然年纪很大，但每当我和妈妈生病时，他总会来照顾我们。我上一次见到他时，他陪我玩了会儿接球，并且告诉我，只要我每天不断重复几遍这句话，不管做什么

　　他挺起小胸脯,向前蹬了几下腿,握紧双拳高高地举过头顶,大声地喊道:"每一天在每个方面我都会越来越好!"

都会越来越好,就算打棒球也一样。迈时捷医生真的特别好,有时候他也会来看我们训练。"

"噢,他今天来了吗?"

"哈哈,他自己一个人坐在一垒后面。今天他戴了一顶牛仔帽,还冲我招手了呢。他有一把白胡子。"

"他还教过你其他格言吗?"

蒂莫西点点头,挺起他的小胸脯说道:"决不……决不……决不……决不……决不……决不……决不……放弃!"

我同样知道这句话,它是温斯顿·丘吉尔在哈佛大学毕业典礼上的致辞。虽然只有八个词,这八个词却有着极其强大的力量。说完这句话,这位伟大人物就结束了发言,慢慢回到了自己的座位上。

"蒂莫西,你相信这句话吗?我们应该决不放弃?"

他点点头说:"我决不会放弃的。"

接着,我们开始了第一次单独训练,这次主要练习击球。我站在他身边,也拿着一支球棒,让他模仿我的站立姿势和挥棒动作。他的表现比我想象的要好得多,大约十分钟之后我开始投球给他,同时纠正他的姿势和挥棒击球的动作。不一会儿,蒂莫西就可以水平挥棒击中我投来的球,并能在挥棒后保持身体的平衡。虽然他仅仅击中了几个球,但我能看得出来,他的自信在一点点地增强,而他也似乎很喜欢我们的"小灶"。我们甚至还练习了触击球,虽然他很难做到边弯下身体边保持胳膊放松,但最终他还是学会了弯腰屈膝,并击出了几个不错的触击球到三垒边线。

那天晚上回到家里,我给比尔打了个电话。

"你还好吧?"电话一接通,他就急忙问我,掩饰不住关切之情。

"目前来说还不错。"

"你的'小天使'怎么样?"

"不错,不错,他越来越好……"

"什么?"

"没什么,比尔,你认识小镇上的一位迈时捷医生吗?"

"约翰,人人都认识他,年迈的迈时捷医生已经在这儿行医很久了。他以前是约翰斯·霍普金斯医院的大人物,退休后来到博兰镇定居,他逢人必说,他来这儿种点土豆、打打高尔夫。后来,博兰镇唯一的医生忽然搬到西雅图去了,全镇的人都没了看病的地方,于是这位老先生决定重操旧业,从那以后他成了博兰镇的大救星,如果是孩子或老人生了病,他还会上门出诊。你问他干什么啊?约翰,你生病了吗?需要看医生吗?"

"不是的,不是的。蒂莫西今天跟我谈起了这位好医生,他似乎是个很特别的人,据蒂莫西所说,他可能来看过我们几场训练。"

"我想那个坐在一垒后面比较高的观众席上,戴一顶旧帽子的就是他。我们一忙起来根本没注意他,没想到他会花时间来看小联盟训练。"

8. 每一天在每个方面我都会越来越好

"蒂莫西说老先生是专门来看他的。"

"嗯,我们几支球队中的大多数孩子可能都是由他接生到这个世界上来的,我想他在关注他们所有人。他真是一个了不起的人!他一定已经快90岁了,不过他仍然能把高尔夫球打得老远,相信我哦!"

在我们最后的两次训练中,蒂莫西和我把重心放在他的防守和跑垒。一开始,我只是简单将球抛向空中,然后教他把双手高举过头顶,用两只手去接球。在他连续接住了大约十个球之后,我拿起球棒,让他到中外场的近端,开始击出一些速度较慢、容易接杀的高飞球。他看上去需要很长时间才能看到球在哪儿,而这时才开始往那儿跑就已经太晚了。我怀疑他的视力有问题,不过他说5月份刚在学校检查过,医生说他的视力完全正常。可能是他的反射能力有问题?我不知道。而且,无论是追高飞球还是跑垒时,他跑动的速度都非常慢,同时他脸上的表情仿佛告诉我,他正在拼尽全力。最后,我终于忍不住问他:"蒂莫西,你跑动的时候感到很难受吗?"

"没有啊,"他气喘吁吁地回答说,"我只是想让自己的两条腿快些,可它们总是不听我的使唤。不过,它们会快起来的,等着瞧吧。我决不放弃……决不!我会越跑越快的!"

赛前最后一次训练结束后,每个队员都收到了正式的天使队队服。队服的主色调是灰色,在上衣左侧绣着一个大大的深蓝色的大写字母A,以搭配深蓝色的球帽和袜子。比尔给每个队员分发装着队服的盒子,还一面打趣说,希望自己没有量错他们的尺寸。

当我把球棒和球装进帆布包时,感觉到蒂莫西站在了我的身旁。

"蒂莫西,有什么事儿吗?"

"哈丁先生,非常感谢您对我的帮助,我妈妈也让我替她向您说声谢谢。我知道,我现在比以前有了很大进步。"他咧嘴笑着,接着说:"每一天……每一天……"

我微笑着伸出手:"祝你整个赛季都好运,相信我,你会表现得很出色的。"

他非常激动地点点头,此时,我多么想把他抱起来,紧紧地与他相拥,就像以前拥抱瑞克一样。

"晚安,哈丁先生。"

"蒂莫西,愿上帝保佑你。别忘了,我们第一场比赛在下星期二下午5点,对阵扬基队,务必在4点15分以前到达球场呦!"

我一直站在原地,目送着这孩子骑上自行车拐过前面的路口,消失在我的视线里。然后,我转身回到了队员席,在那里坐到夜幕降临,一直在心中默默地向上帝祈祷,给予我继续下去的力量……

9. 输掉了第一场比赛

我看见他的脸上挂满了泪珠,想开口跟他说点什么,而他只是仰着脸看着我,摇了摇头。

自从不久前我第一次站在盛世公司的董事会高管面前致词之后，我再也没有如此紧张过。

所有的赛前活动都已经结束，在博兰棒球小联盟比赛场上，高高挂在挡球网上的扩音器里传来国歌，大家随之全体起立，这意味着开幕式即将结束。

距离我最后一次参加棒球小联盟比赛已经差不多30年了，然而，比赛开始之前的程序却没有一丝一毫的改变。一垒、二垒和三垒的帆布垒包已经放在了球场相应的位置上，比尔和我也把我们的装备从车上取下来。因为我们是开幕比赛的指定主队，所以队员席被安排在了三垒后面。

比尔打开球包，我们的队员已经开始在边界线上投球热身了。扬基队的教练希德·马克斯朝我们这边挥挥手，穿过赛场来与我们握手，互祝好运。接着，扬基队先到场内进行赛前练习，然后轮到我们了。我首先给三垒手保罗·泰勒、游击手本·罗杰斯、二垒手安东尼·朱洛和一垒手贾斯汀·纽伦堡各打了三个简单的地滚球。尽管这些内场手显然都很紧张，他们还是把这几个球处理得完美无瑕。在我们的队员席后面，托德·史蒂文森已经在做热身准备了，他把球投给"坦克"，与此同时，在扬基队的队员席后面，表现非常稳定的左撇子投手格伦·格斯顿正在努力地投着球，在选拔赛上他给我留下的印象几乎与托德一样深刻。今天的开场赛很可能会成为一场得分较低的投手之间的战斗。

两位裁判员终于穿过分隔球场和停车场的围栏的出入口走进场内。他们都穿着浅蓝色的运动衫和深蓝色的裤子，头戴棒球帽，其中一个人戴着护胸和护面。他们一走到本垒板就示意我和希德过去，在互相握手致意之后，戴着护胸的那位裁判告诉我们，这个赛场只有一条特殊的比赛规则：任何落在外场界内，又弹出外场边界上五英尺高的围栏的球，无论是弹一次弹出，还是弹十次，都被视作一个二垒安打。

三十余年经久不衰的波士顿WBZ和WBZA电台早间节目主持人乔治·麦考德在退休到博兰镇定居之后，做了很多年棒球小联盟的现场解说员。现在，提起博兰镇的棒球小联盟比赛，他总是对别人说"这是我所做过最棒的无偿工作"。人们都对这个老小伙赞誉有加，说他能将球队阵容中每个球员的名字，念得就好像是在第九局下半场两人出局、比分相同的情况下泰德·威廉姆斯[①]准备上场击打。

---

① 泰德·威廉姆斯（Ted Williams），美国棒球史上的传奇人物。——译者注

在我们和两位裁判员见面之后，坐在本垒板挡球网后，一张厚重的橡木桌子后面的乔治用低沉的声音介绍斯图尔特·兰德先生出场，兰德先生充满激情地向大家宣布，第44届博兰棒球小联盟比赛就要开始了！他让天使队的队员、教练和经理从本垒板开始，沿着三垒边线排成一队，让扬基队同样沿着一垒边线排成一队。接着，他询问我们队的托德·史蒂文森是否愿意走到投手板，带领两支球队一起宣读棒球小联盟誓言。

托德非常惊讶地扭头看着我，我拍拍他的肩，他随即慢跑到球场中央，左手摘下球帽，右手放在心脏的位置上。刚开始他的声音还有点微微发颤，不过很快就完全淹没在了其他23个孩子热烈而有力的声音中。

"我信仰上帝，热爱祖国，遵守法律。我会秉承公平竞赛的原则，依靠自己的努力获得成功。无论胜利还是失败，我都会做到最好。"

宣誓一结束，所有队员在统一的口令下，转身跑回队员席。当他们全都坐好之后，我坐在队员席前面最高一级台阶上，面对他们说："好了，孩子们，我们努力地训练了好几个星期就是为了今天，你们只需要全神贯注地比赛，像训练时一样就可以了，我相信你们一定能表现得非常出色，我们天使队是一个优秀的团队！现在，让我们到赛场上去证明给所有人看，我们是小联盟最棒的球队！"

"我们决不放弃！"小蒂莫西突然大声喊道。

"对!"托德马上回应道,"我们决不放弃!"

当裁判员朝我们点点头,示意我们上场时,全队齐声喊道:"决不放弃,决不放弃,决不放弃!"

"好了,男子汉们,"比尔大声对队员们说,"让我们把他们打个落花流水吧!"

天使队队员在来自看台的掌声、欢呼声和口哨声的伴随下各就各位,国歌开始奏响,两队队员面朝中外场后面的旗杆,摘下帽子,紧紧地攥在胸前,一直凝神站到音乐结束。

托德最后向"坦克"投出了八九个热身球,本垒裁判随即走到本垒板前,背对着托德,弯下腰刷了几下本垒板。然后他转身回到了"坦克"后面的位置上,戴上护面又调整了一下护胸,大声喊道:"比赛开始!"

在托德跑上投手板之前我决定什么都不对他说。不需要任何加油打气的话,热身时他就投得非常好,给我的感觉就是一切尽在他的掌控之下。我再对他多说什么反而会分散他的注意力,没准弄巧成拙。于是,我走进队员席,坐在比尔身边,旁边还有三个替补队员:克里斯·朗、迪克·安德罗斯和蒂莫西·诺贝尔。

"比尔,"我说,"我简直不敢相信会有这么多人来看比赛,现在才星期二下午5点钟,这个地方居然已经座无虚席了。这个只有五千居民的小镇上,会有一千个棒球小联盟的球迷吗?简直不可思议啊!"

"在博兰镇就有可能。约翰,如果你观察一下看台,就会发现其中不仅有许多因为孩子而关心比赛的家长，还有很多退休的老人，他们不愿意或没办法搬到比这儿温暖的地方去，于是，这项赛事就成了他们生活中很重要的一个组成部分。新赛季一开始他们就会选择一支自己喜欢的球队，然后在整个赛季都会为那个球队加油。比赛给了他们很多事情做，让他们有地方去，或许还给了他们一个在早晨醒来和起床的理由，这是他们大多数人都很需要的。"

一个在早晨醒来和起床的理由？一个人只有在丧失那种渴望之后才会需要这样的理由。噢，我是多么理解他们啊！我转向比尔，可他正面无表情地盯着本垒板。于是，我只是拍了拍他的膝盖，什么话也没有说。

蒂莫西·诺贝尔跑上队员席前面最高的台阶，他尖尖的嗓音突然穿透了人群的喧闹声："加油啊，各位，你们一定能赢！决不放弃，决不放弃！"

投手板周围的新沙子给托德带来了麻烦，扬基队的第一棒被四坏球保送上垒，不过接下来他就用两个地滚球和一次三击不中把另外三个击球员逐个封杀出局。当我们的球队从场下来时，我问坐在板凳上的克里斯·朗愿不愿意做一垒的跑垒指挥员，他二话没说就跳了起来，向一垒的位置跑去。我会在三垒的教练位置上给击球员和跑垒员发出信号，告诉他们是否该打触击球，是否该打下一球，以及在垒上的人是否该偷垒等。比尔则留在队员席监督，并记录我们的出场顺序，以确保每个队员参赛的局数都符合规定。

在第一局下半场安东尼·朱洛第一个出场，我决定检验一下扬基队捕手投掷的力度。小联盟规则中规定，只有当球投到击球员面前时跑垒员才能够离垒。当对方投手投向我们的第二棒贾斯汀·纽伦堡的第一个球被判为好球时，我马上用右手摸了摸自己的左手肘，示意安东尼做好准备，在下一个球投到本垒板时冲向二垒。站在本垒板上的贾斯汀也看到了我的手势，他把球棒挥得高高的以分散捕手的注意力，好让安东尼偷上二垒。嗖！安东尼还没滑上垒包，那个球就已经在等他了。我们随即明白，扬基队不但拥有一个出色的投手也有一个稳定的捕手。接着，由于这么快就有个跑垒员偷垒失败被杀出局，贾斯汀向右外场打出了一个利落的一垒安打，不过，第三棒保罗·泰勒却被三好球三振出局，于是托德上场了。这个大个子第一棒就高高地打到了左外场，守在那儿的那个有些慌乱的扬基队队员的运气显然要比技术好，眼看他就要撞到外场围栏了，他居然不可思议地用右肩接到了球。虽然他有点手忙脚乱，但他确实接住了球，当他穿过球场跑进扬基队的队员席时，观众们纷纷起立，用热情的掌声迎接他。

第二局两队都没有得分，罗伯特·墨菲将一个漂亮的二垒安打打到了右外场的边线上，但杰夫·加斯顿打向内场的高飞球却很快就被接杀，导致我队的得分机会功亏一篑。

"决不放弃，决不放弃！"蒂莫西·诺贝尔俨然成了自封的啦啦队长，他一个人站在队员席的一端，紧紧地攥着两个小拳头跳上跳下，一遍又一遍地重复着他的座右铭，看到他在呼喊，队友们也都加入了他的啦啦队，一起为场上的队友加油："决不放弃，决不放弃！"

第三局结束时双方仍然没有得分。当我们的队员准备上场开始第四局比赛时，按照原计划我将没上过场的三名队员换上了场。克里斯·朗代替二垒的安东尼·朱洛，迪克·安德罗斯代替左外场的罗伯特·墨菲，蒂莫西·诺贝尔则代替了右外场的杰夫·加斯顿。我们的替补队员将在第四局和第五局中出战，这样我们就能在最后一局中重新恢复到首发的阵容。

随着比赛的进行，托德看上去越来越强大了，他三振了所有在第四局挑战他的扬基队队员，而扬基队的头号球员格斯顿也毫不逊色，他也三振了我们的两名击球员，只让第三名击球员击出了一个飞向一垒的短距离高飞球。六局比赛中的四局已经记录在得分簿上，双方都没有得分。这场比赛越来越像是一场一分定胜负的比赛。

在第五局上半场，扬基队的第一位击球员将一个很猛的球打到了三垒，保罗·泰勒很漂亮地把球接住，不过，就在他将球传到一垒时，击球员已经安全地冲过了垒包。第二个击球员被三好球三振出局，不过接下来的击球员击出的一个很猛的球飞到了游击手位置的远端，本·罗杰斯一个鱼跃接住球，然后立刻跳起来将球传给一垒手贾斯汀。真悬啊！击球员因毫厘之差被杀出局，但一垒位置上的跑垒员却轻松地安全滑上二垒。现在，扬基队已经有一人在得分位置上了，两人出局，他们打球跟投球一样棒的左撇子投手格斯顿正走向本垒板。

比尔靠近我轻轻地说道:"如果你记得一些祷文,约翰,现在是时候默念它们了。我记得去年这个孩子把每个击中的球都狠狠地打到了右外场的边线!"

我马上跳了起来,一边高呼"暂停",一边走向三垒的边线,挥手示意蒂莫西朝围栏方向后退到右外场的边线附近,最后我掌心朝外高举起双手,让他停下来。当我回到队员席时,比尔冲我点了点头。

托德投向对手的第一个球速度非常快,格斯顿没有片刻的等待,大力挥击出一个远远飞向右外场的高飞球。

"哦,我的天!"我听见比尔惊呼。

蒂莫西向后跑了几步,盯着傍晚的天空,当球划过弧线的最高点开始下落时,他急忙转过身来,把双手高举过头顶。

"他就在球底下,"比尔大叫,这时我们都焦急地站了起来,"加油啊,孩子,接住那个大苹果!"

然而,那个球下落的速度简直出奇的慢,蒂莫西迟疑了一下,然后又后退了一步,他的手套举得很高,但球似乎一碰到手套破损的指尖处就弹了出去,落在了他身后的草地上,又朝围栏滚去。当蒂莫西终于把球捡回来时,扬基队已经得了一分,而格斯顿也站在了三垒上,高举双手不停地挥动,观众们的掌声一直持续不落。托德三振了下一个击球员,不过扬基队这时已领先我们一分。

当蒂莫西走下队员席时,我看见他的脸上挂满了泪珠。我想开口跟他说点什么,而他只是仰着脸看着我,摇了摇头,然后跑到队员席的另一头。队友们都不跟他说话,也没人靠近他,有的人还愤怒地瞪了他几眼。有时候这些孩子就是这么可恶的冷酷无情。在队员们全都坐好之后,比尔站起身来面向他们,挥了挥手里的得分簿,对大家说:"好啦,小伙子们,接下来我们的前三个击球员是朗、安德罗斯和诺贝尔,我们至少还有三次出场机会,而我们只落后一分。任何一方都可能赢得这场比赛,让我们去战胜他们吧!"

克里斯·朗向投手击出了一个无力的高飞球,迪克·安德罗斯没能击中球,然后蒂莫西·诺贝尔就上场了。这时,刚才还在为克里斯和迪克呐喊助威的队友们忽然间就鸦雀无声了。站在击球区,蒂莫西下意识地提了提裤子,这条裤子相对于他瘦小的体形显然有些过大了。他用运动鞋踢了一下地面,微微蹲下身子,严阵以待。格斯顿投出的第一个内侧快球差点打在蒂莫西身上,不过他丝毫没有后退。接下来的两个曲线球蒂莫西都没有打中,他走出击球区,深深地吸了口气,手在地上揉搓了几下。然后,他又做了一次深呼吸,走回击球区,高高地竖起了球棒,就像我们练习时做的那样。格斯顿做了长时间深思熟虑的挥臂准备动作,随后迅速投出一记快球。蒂莫西的挥击十分流畅,但是球却砰的一声落在捕手的手套里。他慢慢地走回队员席,小心地把自己的球棒靠着其他球棒放好,轻轻地咬着嘴唇回到了队员席最边上的那个角落里。

在第六局也就是最后一局中,扬基队又一次一个接一个被杀出局,但天使队也没能创造机会。虽然安东尼·朱洛击出了直直飞过二垒的一垒安打,但是贾斯汀和保罗打到内场的高飞球却都被接杀了,托德打出的远距离高飞球就成了整场比赛的最后一球。

托德的投球水平出类拔萃,只有人碰巧能击中一球,唯一的失分更加反衬出他极为出色的表现。

"好啦,孩子们,"当大家在队员席前集合后,比尔大声对他们喊道,"我们来排成一纵队,向扬基队的胜利表示祝贺。之后,请你们回到在队员席再待上几分钟。我知道家长正在等你们,所以我不会占用大家太多时间。"

接下来,在两队队员进行了程式化的握手和互道"打得不错"之后,天使队又回到了队员席。我从没见过他们如此的安静和沉默,但我还是要提醒他们,星期四我们还有一场比赛,大家要振作起来,打个翻身仗。我刚说完托德就跳了起来,拉上他热身时穿的夹克衫,转身走向把头埋进双手里的蒂莫西。队员席里顿时异常安静,托德向前倾了倾身子,把双手放在这位小队友的肩膀上,大声对他说:"嘿,朋友,不要自责啦,就算是棒球大联盟的明星们也会犯错的,今天我们只是运气不太好,对吗?这并不说明我们服输了,我们是决不放弃的,对吗?决不!你也一样!好吗?"

蒂莫西抬起头看着托德,眼睛里充满了泪水。他点点头,轻声答道:"好的。"

此时我已无须再多说什么了:"孩子们,我们下一场将对阵小熊队,时间是星期四晚上5点。我希望你们能在4点以前到这儿,按照计划,保罗·泰勒是下场比赛的投手。大家星期四再见!"

在驱车回家的路上,我的脑子里又回想了一遍比赛的全过程,当我想到球被蒂莫西的手套弹了起来滚落到围栏边那一幕,我的心随他一起痛了起来。忽然,我想起了另一场比赛,那是我参加棒球小联盟比赛的第二年,当时我只有十岁。在那场比赛中,作为二垒手的我犯了两次错,每次错误都使对方得了分。最后老天使队以1:3的比分输掉了比赛,那全都是我的错。在所有人都离开球场之后,我走到二垒后面的草地上,一下子躺倒在地,歇斯底里地大叫。我已经记不得自己在那儿坐了多久,只记得羞愧难当,连回家告诉父亲发生了什么事的勇气都没有了。最后,当天完全黑了下来,我看见一辆旧货车驶入了停车场,它的前灯照在围栏上散射开来。不一会儿,我就听到了一个充满慈爱和理解的熟悉的声音对我说:"约翰,该回家了。"

我终于站了起来,紧紧地抱着他,哽咽地哭了起来。他只是说了一句话:"没事儿的,没事儿的,我们每个人都会有运气不好的时候,没有谁是完美的。"

我猛地踩了一脚刹车,我都到家门口了却调头开回棒球场。当我停好车,穿过围栏向球场走去的时候,天色已经暗下来。旁边的游乐场传来小孩子嬉戏的声音,而我们的球场上却几乎空无一人。那孩子在右外场草地上的一片阴影里盘腿坐着,胳膊肘放

那孩子在右外场草地上的一片阴影里盘腿坐着，胳膊肘放在膝盖上，头向前耷拉着。我慢慢地向他走过去，在离他十英尺的地方停下了脚步。

在膝盖上,头向前耷拉着。我慢慢地向他走过去,在离他十英尺的地方停下了脚步。

"蒂莫西!"我喊他。

他猛地抬起头来,朝我这边眯起眼睛:"啊?"

"你还好吗?"

"嗯。"

"你不觉得自己该回家了吗?"

他耸耸肩。

"蒂莫西,你为什么一直待在这儿啊?"

"我也不知道为什么,我可能想,如果坐在我出错的地方,就能想明白为什么自己会犯错让大家输掉比赛了。"

"那么……你现在有答案了吗?"

他摇摇头,我听见他压抑的哽咽声。突然间我有了个办法。

"能让我看看你的手套吗?"

他皱皱眉头,伸手从右膝盖下面掏出一个东西递给我,这简直是我这辈子见过的最破最烂的棒球手套了,它的老皮革已经干硬,上面差不多有上千条裂缝,手掌和手指处几乎一点填充物也没有了。而且,拇指和食指之间的网状带子也早就磨没了,只好缝了几根晒衣绳凑合代替。

我轻轻地把手套抛还给蒂莫西,对他说:"这东西简直可以进棒球博物馆了，我猜这可能是乔·迪马吉奥[①]小时候用过的吧。"

"哈，不是的。"蒂莫西答道，一抹微笑闪过了他的小脸。

我弯下腰，向他伸出手，他握住了我的手，我顺势把他从地上拉了起来，说道："现在该回家了吧？"

"我想是吧……"他叹了口气说。

我指着他的旧手套："我相信这就是你的问题所在——那副手套，你知道工欲善其事必先利其器的道理吗？"

小男孩轻轻抚摸手套的表面，很明显，有些话令他难以向我启齿。我想，一定是他的单亲妈妈没钱给他买一副新手套。我用力拉了一下他绣着金色A字的蓝色新棒球帽的帽檐："蒂莫西，我家的壁橱里有一副几乎全新的Darryl Strawberry牌棒球手套，本来是……是……我儿子的，不过他没有机会用了，现在它一直挂在那儿，星期四我把它带给你吧。"

他猛地抬头看着我："您的儿子去世了，是吗？"

"是……是的，他死了。"

"我很难过。"

我只是点点头："星期四你最好能早点来，这样我们就可以练一会儿接球，好让你适应那个新手套，好吗？"

他点点头说："谢谢您，我一定会早到的。我很抱歉害大家输

[①] 乔·迪马吉奥（Joe DiMaggio），美国著名棒球运动员，1936年~1951年效力于纽约扬基队。——译者注

球，我希望队友们不要太恨我。我觉得糟透了，不过我一定会努力的，我保证。"

"你决不放弃，对吧？"

他使劲儿摇摇头，咧嘴笑了："决不！"

"太好了，我们赶快趁天黑之前回家吧，你的自行车上有车灯吗？"

他点点头。

"那好，我们星期四见吧，别忘了早一点到。"

"晚安，哈丁先生。"

当我打开车门时，蒂莫西推着自行车来到我身边，车把上的小车灯朝我这边闪着光。"哈丁先生，我可以问您一个问题吗？"

"当然可以，说吧。"

"您怎么会想到能在棒球场找到我呢？"

我一时不知该对小家伙说什么，最后终于回答了他："蒂莫西，我也不知道怎么回事儿，我想可能是我老爸告诉我的。"

"噢，这样啊。"

自行车转过头，它的光束慢慢地离开了停车场。在它即将从我的视线中消失时，我听见一个微弱的声音向我喊道："哈丁先生，星期四见！"

10. 决不放弃

他总是挥棒落空，然而，他从没有放弃任何一次击球的机会，也没有放弃自己。上帝怎么在那样一个小小的身躯里放了如此巨大的一颗心。

漫长的星期三就像度过了整整一个星期，吃过早餐，我试了近来用过的所有消磨时间的办法。我先是慢跑了大约一小时，然后在后院里来来回回地打了至少200杆高尔夫，接着又找了本书看，可我的注意力一直集中不起来。我总是听到其他房间里有声音，是谁在那儿？萨莉？瑞克？下午的时候我甚至打开了电视机，可只看了十分钟的奥普拉和菲尔①我就把电视关了，我无法再忍受更多的痛苦了。

太阳刚刚下山，我就早早地上床睡觉了，所以星期四一早天还没亮我就醒了。我闭着眼睛，头埋在枕头里，伸手去找萨莉，就像多年来每天早晨那样。可是，我的手没有摸到她柔软的身体，只好慢慢地从光滑冰冷的枕头上收了回来。我坐起身来，用手掌重重地拍着脑门。你在做什么啊，傻瓜！萨莉再也不会躺在你身边了，她死了，你们的宝贝也死了。他们全都走了，再也不会回来了！

---

① 奥普拉（Oprah）、菲尔（Phil），两位美国著名脱口秀主持人。——译者注

终于，我还是起了床，洗了澡，但没心情刮胡子，不过后来我想到晚上的比赛，不能让天使队队员的家长们认为，他们的孩子在一个邋遢的乞丐手下打球啊。

吃了一个煎蛋卷，喝了一杯橘汁和一杯咖啡后，我走进书房，坐在写字台前看我们的得分簿，上面有比尔就我们第一场比赛所做的记录。我们只从格斯顿那儿打出三个球，包括朱洛和纽伦堡各一支的一垒安打以及墨菲的一支二垒安打，所以根据队员们在比赛中的表现，我无须重新安排击球的顺序。除了蒂莫西那代价高昂的失误以外，作为第一场比赛大家发挥得相当好了。除非比尔·韦斯特还有其他建议，在今晚对战小熊队的第二场比赛中，我们的出场阵容和击球顺序将与第一场比赛完全相同，但队员的位置会有一些调整，保罗·泰勒将担任投手，贾斯汀到三垒位置上，托德为一垒手。

我合上得分簿，再次回想起床上那可怕的一幕，我去抚摸妻子而枕边却空空如也。我又去拽了最下面的那个抽屉，很轻易地就打开了它。那个丑陋的手枪仍然躺在一本黄色封皮的电话簿上面，电话簿里记录着康科德城和博兰镇及附近城镇的邻居的通讯方式。我把手伸进了抽屉，然而，还没触碰到那深蓝色的金属就突然抽回了手。

"哈丁先生，早上好啊！"

我赶忙用右腿关上了抽屉，就像一个手刚伸进点心罐就被抓住了的孩子似的。

"罗丝,早上好啊。我没听见你进来,也忘了今天是你来打扫房间的日子。"

听了我的话,老妇人脸上的笑容立刻消失了,她关切地问道:"先生,今天有什么不方便吗?我可以改天再来。"

"没有,没有。今天没问题,只是我自己有点问题,我想可能是脑子里的事儿太多了。"

罗丝·凯莉双手握着真空吸尘器的把手,同情地侧着头:"我真为您难过,有什么可以为您做的吗?"

我摇摇头。

"哈丁先生,我希望您不要介意。昨天上午我到枫林公墓去了,在萨莉和瑞克的墓前为他们做了祈祷。那个地方真不错啊,正好在石墙附近的一个小斜坡上,对了,您为他们选好墓碑了吗?"

"还没有呢。"

"您经常到那儿去看望他们吗?"

我低头看着自己的手。

"哈丁先生……"

我再次摇摇头:"罗丝,葬礼结束后我就再也没去过那里。其实,我开车到公墓去了很多次,但我都没有停下车,沿着那条小路走到他们的墓地去。我没法做到……我没法靠近那里……低头看着那草坪……然后……"

"哈丁先生,虽然我只是一个无知的老清洁妇,也请您原谅我的劝告,我想,您一定要到墓地去,一定要去。不为他们,为您自己！我还记得我的母亲，愿上帝安息她的灵魂，曾给我讲过一个古老的爱尔兰故事，这个故事也是她居住在高威郡的祖母讲给她听的。故事说的是，在海边的一个小村庄里住着一个年轻的妇女，她的独生子失足落下悬崖。在埋葬了儿子之后的几个月里，这个妇女终日以泪洗面，每天都处于悲痛、伤心和哀怨之中。在她亡儿的生日到来时，她决定到墓地上陪他一起度过一整天。在去墓地的路上，她在镇广场上的一位老人那里买鲜花。就在她付了钱正准备离开时，她的视线忽然被老人的举动吸引了，老人正在非常仔细地从花盆里将干枯了的叶子和枝子从植物靠近根部的地方摘下来，而这株植物看上去早就枯死了。'你为什么要浪费时间摆弄这些早就枯死了的东西呢？'她问道。那位老人回答说：'这株植物还没有死啊。哦，它的很多叶子已经枯萎了，不过你看，茎上还有一些绿色呢！女士，我相信只要有足够的关爱，这株植物一定能再活很多年，而且年年都会开花的。很多人就像植物一样，他们经历了不幸的遭遇——或许是丧子丧夫或丧妻之痛——就任由这些不幸把自己变成没有希望和生命力的枯萎的花茎。而另一方面，你可能不知道，很多人会忍痛抖落枯死的部分，就像那些一年又一年绽放美丽花朵的植物一样，在有生之年正常地呼吸、歌唱、微笑和生活。'"

"哈丁先生，"罗丝一面把吸尘器从地毯上提起来一面说，口吻越来越像一位严格的一年级老师，"在你家房后的树林里已经有太多的植物就那么枯萎了。我不想看到你终日沉浸在痛苦中，慢慢地枯萎，变成它们之中的一株。"

那天下午，我忽然想起答应过蒂莫西，要把瑞克那副几乎全新的棒球手套带给他。于是，我走进了儿子的房间，不敢左顾右盼，径直走向壁橱，打开了推拉门。那副手套就放在架子上，这个架子我特意做得很低，这样瑞克就能把某些宝贝放在伸手可及之处，而不用把什么东西都堆在床底下或衣柜下面了。在手套下面放着几个盒子，里面装着中国跳棋、多米诺骨牌、棋盘游戏和乐高，旁边还有色彩鲜艳的忍者神龟、火箭飞船上的特种部队、直升机和比萨投掷器，这些东西全都围绕在一个高高的，里面装满了修补匠牌组装式玩具的棕色圆筒四周。此外，还有三个装满了棒球卡片的鞋盒。我从架子上拿起其中一个，钟爱地捧在手上。以前，瑞克总是坐在厨房的餐桌前非常仔细地把这些卡片从一个编号盒子移到另一个，他几乎把自己所有的零用钱全都投入在了这项收集上，真不知道他花费了多少时间来做这件事啊！我随意抽出了一张，上面写着："诺兰·瑞恩①，得克萨斯巡逻兵队。"他是瑞克和我最喜爱的球员之一。

当我在下午3点半按约定的时间抵达停车场时，蒂莫西已经在那儿来回踱步等着我了。他冲我的车子跑过来，我一下车就把手套抛给了他。

---

① 诺兰·瑞恩（Nolan Ryan），美国职业棒球巨星。——译者注

"喔……哇哦……太酷了！"他一边把小小的左手伸进手套里，一边兴奋地大叫着，挥动着他那紧握的右拳，一次又一次使劲打进深色的上了油的手套掌心，同时弯了弯拇指和食指之间结实的网状皮带子。

"不想试试吗？"我问他。

"好啊！"

比尔·韦斯特把球队的所有用具和装备全都放在了自己车里，不过我记得带来了一只棒球和我的旧手套。我们俩就在右外场练了一会儿接球，这时其他队员已经开始陆陆续续地来到球场了。当蒂莫西和我慢慢悠悠地从外场走回内场时，我问他："戴这副手套你感觉舒服吗？"

"很舒服！哈丁先生，这副手套很棒！谢谢，谢谢您啦！我今天一定会表现得更好的，您等着瞧吧！"

"每一天……蒂莫西？"

他咧着嘴笑起来，非常兴奋地点点头。

第一局我们没有得分，之后天使队的队员们猛攻小熊队的三个投手，一共得了11分。到了第四局，比分已经是15∶1，于是我换上了三名替补队员，让克里斯、迪克和蒂莫西打满了接下来的比赛，而没有按照惯例在第六局把他们换下场。最后的比分多少有点令人尴尬，19∶2，尽管我们确实击出了15个球，不过小熊队的七次失误也帮我们得了不少分。赛后，我向他们的经理说了声抱歉，不过沃尔特·哈钦森是一个很有运动精神的人，他说是因为队员们表现不好才导致惨败的。在这场比赛中，我们队涌现了两位明星击球员，托德打出了两个本垒打和一个二垒安打。而只让对方击出四个球，并三振八人和保送两人的保罗·泰勒也击出了一个本垒打和三个一垒安打。蒂莫西在最后三局中两次上场但都被三振出局。没有眼泪，没有怒火，没有自怜，没有急躁。相反地，这个勇敢的孩子为了替队友加油把嗓子都喊哑了，而他们显然已经原谅了他在第一场比赛中所犯的那个代价巨大的错误。在蒂莫西的带动下，我们的队员不停地大声喊着："每一天在每个方面我都会越来越好！"和"决不——决不——决不——决不——决不——决不放弃！"坐在我们队员席后面的观众很快就记住了这两句口号。没多久，支持我们队的所有观众也都开始一遍一遍地重复"决不放弃！"

在接下来的星期二的傍晚，我们的对手是海盗队，这支球队的经理是博兰镇的财务主管安东尼·皮索老先生。海盗队在前两场比赛中大获全胜，包括经过激战以9∶8的比分战胜了希德·马克斯率领的扬基队，而扬基队在第一场比赛中胜了我们。我们都知道这将是一场非常艰苦的比赛，而事实上也确实如此。不过最后我们赢了，比分是2∶0！托德·史蒂文森只让对手击出了一个球，一个碰巧打到游击手和三垒间的一垒安打。"坦克"金葆在第四局打出了一个内场远端的一垒安打，后面的朱洛和纽伦堡先是被保送上垒，后来又在保罗·泰勒出色的触击打下进到二垒和三垒。我们总共打出五支一垒安打。蒂莫西终于打到了两个球，但两个

没有眼泪，没有怒火，没有自怜，没有急躁。相反地，这个勇敢的孩子替队友加油把嗓子都喊哑了，而他们已经原谅了他那个代价巨大的错误。

球都弹到了本垒板后面的挡球网，最后他又被三振出局了。不过，他非常利落地接住了海盗队的一个一垒和二垒之间的一垒安打，并及时把球传给了二垒手封杀了跑垒员。每一天……

赛后，我花了一个多小时的时间与孩子们的家长一一握手交谈。被他们所接受是一件让人非常激动的事，不过比听到他们的夸奖更重要的，是他们转述的从孩子们嘴里说出来的对哈丁先生和韦斯特先生的赞扬。

在隔天的星期四晚上，我们和希德·马克斯带领的扬基队进行了第二次对决，这次我们天使队打了个翻身仗，以6:4的比分战胜了扬基队。比赛中，投手保罗·泰勒的表现非常出色，而这次我们的明星击球员则是罗伯特·墨菲，他击出了两个一垒安打和一个二垒安打。我们的三位替补队员中有两位击出了自己在本赛季的第一个球，克里斯·朗打出了一个飞向右侧的内场高飞球后安全到达一垒，迪克·安德罗斯则重重击出一个飞向左外场的平直球，成功攻上二垒。全场比赛紧张而激烈，赛后很多家长议论说，胜负的关键就在于我们天使队的小啦啦队长，因为在比赛进行的整个过程中，他一直在为队友们加油助威，一刻也没有停歇。他就是蒂莫西，到目前为止全队唯一一个没有击出一球的队员，他总是挥棒落空。然而，他从没有放弃任何一次击球的机会，也没有放弃自己。打到第五局时，蒂莫西跑向右外场，拍了拍队友的后背，这时，比尔朝蒂莫西的方向点了点头，对我说道："约翰，这孩子的心胸简直太宽广了，真的难以理解，上帝怎么在那样一个小小的身躯里放了如此巨大的一颗心啊。"

为期六周的赛季已经过了两个星期，令我们感到欣喜和惊讶的是，天使队以三胜一负的战绩暂列第一位，扬基队和海盗队紧跟在我们后面，它们都是两胜两负。在接下来的四个星期里我们还有八场比赛要打，什么样的结果都可能出现。

在与扬基队二度交锋之后，他们的经理希德·马克斯和我一起靠在本垒板后面的挡球网上，进行了一次友好的长谈。我很喜欢希德这个人，我们聊的话题从棒球小联盟比赛的迅猛发展，到现在的孩子与二三十年之前的孩子在能力和态度上的不同，可以说是无话不谈。最后，希德对我说："约翰，时间不早了，我得赶快回家了，不然苏茜又要开始为我担心了。今天这场比赛很棒，不过我保证，下一次我们一定会赢回来的！"

在开车回家的路上，当我经过那座带顶的古老小桥，向右拐入主干道时，尽管路边很黑，我还是发现了那个小男孩的身影，他正不紧不慢地走着。当我把车靠近分隔人行道和主干道的绿化带时，正走在人行道上的男孩突然停下了脚步。我停下车，侧身打开副驾的车门。

"蒂莫西，比赛结束后你就这样一路走回家吗？"

"嗯。"

"为什么不骑自行车呢？"

"今天早上车链子掉了，我妈妈在上班路上把车子拉到康科德城去修理。"

"上车吧，我送你回家。"

"还是别麻烦您了，我走一会儿没关系的。我没事，别担心。"

我试着把话语中的温存换成严厉，命令他道："快上车！"

他钻进车里关上车门，我对他说："现在，请给我指路吧。"在蒂莫西的指引下，我们经由主干道穿过镇中心，然后向右拐入杰斐逊大道，在颠簸不平的柏油路上行驶了大约两英里后，我们左转上了67号公路，又向前开了大约两英里的路程后，我忍不住转过头去问蒂莫西："这么长的路你今天是走着到棒球场的？"

他怀里紧紧抱着新手套，低着头，从长长的棕色睫毛间抬眼望着我，最后他犹豫地点了点头，就像被人发现犯了什么错似的。

"上帝啊，你从家到球场走了多长时间啊？"

他耸耸肩，叹了口气说："我也不知道。今天我妈妈需要提前去上班，我中午做了一个花生酱三明治，吃完我就从家里出来了，那时大概是下午2点钟吧。"

忽然，他坐直了身子，指着前面说："哈丁先生，看见那个邮箱了吗？那是我们家的，过了邮箱向右拐，在那条土路上开一小会儿，我家就在那片树林里面。"

我按照他所说的，非常小心缓慢地在印有车轮印的狭窄的土路上行驶了大约100码，这时车子的前灯照在了一间破旧的木屋子的正面，它看起来像是一个木头或农具储藏间。小屋前面很多未上漆的护墙板都已经没有了或破损得很严重，在一个墙角周围被钉上了一大块未上漆的方形胶合板。门口的左侧有扇没有窗帘的窗户，里面亮着灯光，右边的窗框上钉了很多胶合板。在路边的几棵松树下面，停着一辆生锈的蓝色雷诺小汽车。

"那是我妈妈的车，"蒂莫西告诉我，"她说这车子跑得可比长得好多了……真的是这样。"

在蒂莫西家前门的上方挂着一只没有灯罩的斑驳的灯泡，一位妇人慢慢打开门走到楼梯平台上，举起双手遮住眼睛。我急忙关掉了车灯，我们一起从车里出来，"那是我妈妈。"蒂莫西告诉我。我跟着他走上用煤渣块垒成的台阶，每上一阶都让人觉得摇摇欲坠。

蒂莫西的妈妈站在门外，看上去有点紧张不安，她一只手握着门把手，另一只手抓着自己的围裙。"诺贝尔夫人，晚上好，我是蒂莫西参加的棒球小联盟的球队经理，约翰·哈丁。今晚我看见他步行回家，于是就开车把他捎回来了。"

"哈丁先生，您真是个好人啊，不介意的话，请进来坐坐吧！"她的声音听上去很年轻，但里面夹杂着一丝疲倦，这可能也正是她面容的写照。

我犹豫了一下，觉得有点不太合适，但却不忍拒绝在一旁满怀希望地冲我点头的蒂莫西，于是我接受了邀请。蒂莫西家一进门就是厨房，我们刚走进屋子，他的妈妈就试探性地向我伸出了右手，说道："我是佩吉·诺贝尔，先生，很高兴能有机会当面感谢您为我儿子所做的一切。"

诺贝尔夫人化了淡妆，两颊微红，金色的头发有点蓬乱。炉子上的两个锅正在冒着热汽,我们到来的时候她正在准备晚饭。她从一张小餐桌旁已经摆好的两把塑料椅子中拉了一把给我:"哈丁先生,请坐。"厨房另一端冰箱旁边放着一台旧冰箱,靠近天花板的地方,我看见一根晒衣绳横跨过房间,上面搭着床单作帘子,不过却不能完全挡住屋子里两张没有铺的床,在远处的阴影里它们依稀可见。我忽然意识到,蒂莫西和他妈妈住的可能是过去用来在秋天打猎、只有一个房间的简易小屋。

"哈丁先生,请坐吧!"她又一次对我说。

"不了,谢谢,诺贝尔夫人,我得回家了。对了,我们下个星期的第一场比赛在星期二进行,到那个时候蒂莫西的自行车能修好吗?需不需要我过来捎上他?"

听了我的话,她灰色的眼睛充满了泪水:"先生,您真是太好了,真的太好了。就不劳您费心了,他们告诉我蒂莫西的车子这个星期六就能修好拿回来了,蒂莫西下周一定能自己骑车去球场。"

"那就好!那我走了。但愿我没有打扰你们的晚餐,很高兴能认识您。蒂莫西有您这样的好妈妈真是他的幸运啊!"

"我恐怕无法给他太多,日子不好过,但我会很努力的,因为我非常爱他。不过,哈丁先生,我最想说的是,能遇到您才是他一生的幸运啊……特别是在现在,他太幸运了。感谢上帝您选中了他。"

她走近我,踮起脚尖,亲吻了我的脸颊。

回家路上我一直开得很慢很慢。

11. 勇敢的小天使

他每天都来比赛,东奔西跑不遗余力,不仅不要别人同情,而且还能甩开自己的失败,竭尽全力为每一个队友加油打气。

星期六傍晚，我去镇上的便利商店买了一些牛奶、面包、汽水和冷冻食品，然后在我家的后院里转了几圈，星期五的时候博比·康普顿和他的园艺工们对这里进行了修葺，一切都显得那么整齐。露台两侧的粉玫瑰都是萨莉在3月份种下的，当时她倾注了很多心血，我还说她种得有些早了，没想到现在它们已经全都盛开了。我摘下了一朵，深深地吸了吸它的芬芳，然后小心地把带刺的花茎插在了衬衫口袋里。然后，我穿过草坪走向草地，想去看看那些蓝莓树长得怎么样了。除了一点点粉色，大部分浆果还是淡绿的，至少还有两三个星期才能把它们摘下来，可是，就算它们成熟了，也没法做成萨莉·哈丁蓝莓派、蓝莓松饼或是我记忆中得用双手捧着吃的热腾腾的大块蓝莓卷饼。回忆！我又一次陷入回忆之中！在我们每个人的生命里，好像总有人教我们如何更好地记忆。有很多以训练记忆为目的的课程和讲座，可我却没听说过哪里开过关于如何忘却的课，我敢保证，对于很多人来说，那一定是一门非常受欢迎的课程。总有一天，那些因为具有超强的记忆力，能记住很多人名、日期和事情而备感骄傲的人们可能会承认，他们的天赋其实是一种灾难。

星期二傍晚，在对阵小熊队的比赛中，我们安排查尔斯·巴里奥首发出场，在前四局的比赛中，这位出色的左撇子投手发挥得堪称完美。当我们以8∶1的领先优势进入第五局后，小熊队一下子爆发了，一共得了12分。当对手从查尔斯身上得了7分后，我让保罗·泰勒将查尔斯替换下场，因为我们已经安排托德在星期四的比赛中迎战海盗队。然而，保罗也没挡住他们的进攻，他先是保送了三人，接着又被打了两个一垒安打和一个二垒安打。因为在送保罗上场前没有按照裁判员的意思，让他做好足够的热身练习，我为他今天的失常表现而深深地自责。不管该归咎于谁，我们都眼睁睁地看着胜利离我们远去。最后的比分是15∶9，小熊队赢了。我们沉默的游击手本·罗杰斯以两个二垒安打和一个一垒安打成为我们队本场比赛的明星击球员，托德则又击出了一个本垒打。因为到目前为止，蒂莫西是队中唯一一个没有击出安打的队员，所以，天使队的所有队员都很关注他的表现。在第五局中，每当他挥棒击球，大家就会非常紧张地看着。然而，直到比赛结束，这个小家伙还是颗粒无收。

星期四对阵安东尼·皮索率领的海盗队时，我们的防守打得很漂亮，托德没让对手得一分。相反，我们从海盗队的四个投手身上得了14分，每一局不下2分。根据比尔的得分簿来看，天使队的队员们共击出了20个安打，但他们似乎更关注蒂莫西什么时候能够击出他的第一个安打。在第四局中,他一站在本垒板上,我们的队员席就像是一个巨大的高保真音响在播放着:"决不放弃,决不放弃,蒂莫西,蒂莫西,决不放弃!"直到本垒上的主裁判终于叫了暂停,走到我们的队员席,要求孩子们不要这么大嚷大叫,以免大家听不到他的声音。我们的队员全体起立报以热烈的掌声,欢送裁判走回本垒板,接着又开始为蒂莫西呐喊助威。他确实打中了一个球,并将这个力量非常大的平直球打到了右外场的界外,然后却接连错过了两个球。当他将球棒扔回队员席,跑到自己右外场的位置上时,比尔招呼我坐到他旁边。

"怎么了?"我问道。

"你看蒂莫西还好吗?"

"挺好的啊,为什么这么问?"

"我也不知道,他看上去比平时苍白,上一局结束他从外场跑回来时,他好像费了很大的力气才能保持平衡。可我问他感觉还好吗,他只是点了点头。"

比赛结束了,天使队与海盗队在本垒板互道祝福之后,我找到了蒂莫西。"蒂莫西,新的车链子好用吗?"

他用力地点点头说:"好极了,就像换了新车轮似的。"

他说出的每个词之间都有很长的停顿,这些词好像没关系似的,听起来不像一整句话,奇怪。

"你还好吧?"

他又点点头:"我只是有点累了,我妈妈今天早上很早就要去上班,我一听到她做早餐就醒了。"

我轻轻地拍拍他的头说:"今晚好好睡一觉,听见了吗?"

他点点头,嘴角强挤出一丝笑意:"哈丁先生,晚安啦!"

停车场里比尔的车停在我的车旁,他斜靠在车上等我,关切之情溢于言表:"约翰,你有什么发现啊……关于蒂莫西?"

我耸耸肩说:"他说自己只是有点累了,因为今天早上很早他妈妈不小心把他吵醒了。不过,不知为何,他的语气听上去有一点奇怪,就像被人催眠了似的。"

比尔叹了口气:"约翰,在我看来最奇怪的是,这孩子仍然坚持打球。这些年来,我教过很多参加棒球小联盟比赛的孩子,如果他们连续被三振,在场上表现平平或毫无作为,在几场比赛过后,他们通常会主动退出,而不是继续承受着能力有限、配合不力的尴尬。只有这个孩子不是这样!他每天都来比赛,东奔西跑不遗余力,不仅不要别人同情,而且还能甩开自己的失败,竭尽全力为每一个队友加油打气。他真是一个勇敢的小天使啊!我们每个人都能从他身上学到很多很多。"

我们每个人都能从他身上学到很多很多。直到我回到家上了床,我的脑海中仍然一遍又一遍地回响着比尔的这句话。

7月中旬一个溽热的下午,当我开车驶入棒球小联盟赛场的停车场时,天空中积聚了厚厚的云层。星期一的这场比赛对我们来说至关重要,对手是希德和他的扬基队。整个赛季的12场比赛已经过半，目前我们和扬基队一同处于领先位置，成绩都是四胜二负，而海盗队与小熊队的成绩同为二胜四负。

停车场上，比尔的车旁停着一辆白色货车，在车身两侧和后门上刷着几个红字：新罕布什尔州一流电视台——第九频道——WMUR-TV——曼彻斯特，新罕布什尔州。我没想太多就从围栏的入口进入场内，一踏上球场的草地就看见两位身穿蓝色T恤和牛仔裤的年轻人正忙着安装三脚架和摄像机，摄像机的镜头正对着一垒后面的队员席，我们客队的队员席。另一个穿着深色西装的年轻人站在摄像机后面，他一看到我来了就说："他来了，各位，正是时候。"

"哈丁先生，"那个年轻人一边跟我打招呼，一边伸出手来，微笑着对我说，"我是汤姆·兰德，曼彻斯特第九频道的体育解说员。如果您不介意的话，我们想在今晚的《11点新闻》节目中播放对您的采访，我们电视台已经与你们的联盟主席兰德先生打过招呼了。"

"你们为什么要采访我呢？新罕布什尔州有几百位小联盟球队的经理，如果你们想采访一位真正的好经理，他应该正坐在另一个队员席中。他的名字叫做希德·马克斯，一位非常棒的教练，孩子们都喜欢他。"

"先生，"他点点头说，"的确，在我们州有几百位棒球小联盟的经理和教练，但我敢保证，没有哪一位比约翰·哈丁在全新罕布什尔州乃至全美更有知名度。我想，很多观众可能并不了解您是如何成为盛世公司的总裁兼首席执行官的,尤其是在不到……不到……这么年轻的时候。"

他注视着地板,最后勉强挤出了一个微笑,继续说道:"现在,鼎鼎大名的美国成功楷模不去执掌财富500强企业,而做起了小镇上的棒球经理,这简直就是一个不可思议的故事。所以,我很高兴能抢在其他媒体之前找到您!"

"那么,现在请选择一下,您想采访的是作为天使队经理的约翰·哈丁,还是……还是曾在商界巨鳄盛世公司短暂任职的前任首席执行官约翰·哈丁呢?"

他宽宽的额头上浮现出很多深深的皱纹,结结巴巴地说道:"什么……为什么……两者都是吧!"

"对不起,我得走了。"

他接下来的表现仿佛没听见我的话。"哈丁先生,采访不会占用您太长的时间,十分钟左右就可以了。我只是有几个问题想问您,我相信我们的观众也非常想听到您对这些问题的回答。比如,在那次可怕的灾难之后,您是如何度过这几个月的。还有关于您在小联盟比赛当全明星队员的那些往事,请您比较一下当时和现在的比赛条件及球员状态有什么不同,好吗?"

"兰德先生,我们正要做赛前准备,非常感谢您和您的电视台能给予我这个殊荣,但我的回答是不行。而且,恐怕您的工作人员得马上把摄像机搬走。您看,我们的队员就要来了,他们可不需要这个让人分神的家伙。现在,如果您想要转播比赛,请跟我来，从这里往后走，在本垒板挡球网后面，您会看到一位英俊的老帅哥乔治·麦考德，我们小联盟的现场解说员。我保证他肯定很乐意帮您找一个最适合拍摄的地方。"接着，我伸出手向他告辞："认识您很高兴，兰德先生。"

他的嘴半张着，脸上是一副不可思议的表情："您的意思是不愿意接受我们的采访吗？"

我拍拍他的肩膀说："完全正确！现在，请您搬走您的摄像机，好让我的孩子们能安心热身。"

这真是一场艰苦的比赛。因为三垒后面的看台上架着第九频道的摄像机，天使队和扬基队双方队员就好像在进行一场生死大战似的。第二局，墨菲击出飞向中外场远端的三垒安打，使朱洛和纽伦堡进垒得分，我们以2∶0暂时领先。然而到了第四局，由于泰勒在控球上出现了问题，扬基队以四个直飞球扳回了比分，并以4∶2反超。在第六局中我们还设法得了一分，但最终3∶4的比分让我们吞下了失败的苦果。比赛中，"坦克"金葆终于找到了击球的感觉，打出了两个一垒安打和一个二垒安打，蒂莫西在第五局有两人在垒的情况下上场，得到了一个成为英雄的机会。我发现自己在默默祈祷，请求上帝让他击中一个球，一个一垒安打就好，好像上帝没有比赐福小镇上的棒球小联盟比赛更重要的事情要做了。那天深夜，我回忆当时的情形，突然发现，这是葬礼之后我第一次向上帝祈祷。

在前两棒挥空之后，蒂莫西没有接后面的两个球，那两个球

他又一次赢得了所有天使队队员们的欢呼和呐喊,而蒂莫西也又一次得到了脱帽致意的机会。真是个表现夸张的小演员啊!

都越过了他的头顶。接下来，他双腿铆足劲儿挥击，击中了球，可惜只是一记飞向三垒的内场短距离高飞球，不过他总算在比赛中击出了界内球。这时，我们的所有队员全都站了起来，使劲儿地为蒂莫西鼓掌叫好，看着蒂莫西踏上一垒又转身慢跑回队员席。跑到一半他停了一下，朝三垒后面的摄像机镜头使劲儿挥了挥棒球帽，然后才回到了队员席。我非常认真地观察着他的一举一动，当他走下队员席时，看上去左摇右摆的，呼吸也显得非常困难。当他坐下来的时候，他先用双手撑在凳子上，然后才慢慢地坐了下去。

　　星期三的傍晚，我们在较弱的小熊队身上拿下一场。我们队的每个人——除了蒂莫西之外的每个人——都至少击中了一个球，其中有三个队员还创造了自己的完美之夜，击出了三个球！比分最终锁定13∶4。要不是托德在尝试一些新的投球方式，比如他哥哥曾在高中时成功投出的不旋转球，相信他一定会再一次让对方得零分。蒂莫西也切中了几个球，但还是有四个挥棒落空。不过，他接到了自己本年度的第一个高飞球，一个飞向他的很猛的球。他高举自己的新手套，像大联盟球员一样接住了球。理所当然地，他又一次赢得了所有天使队队员们的欢呼和呐喊，而蒂莫西也又一次得到了脱帽致意的机会。真是个表现夸张的小演员啊！当回到队员席，他再次喊道："每一天在每个方面我都会越来越好！"

　　到目前为止，我们只剩下四场比赛，扬基队的成绩是六胜二负，我们五胜三负位居第二。成绩最好的两支球队在赛季末要进行一场冠军争夺赛，因此，我真希望赛季现在就结束。还剩下四场比赛，三胜五负的海盗队和二胜六负的小熊队都可能赶上我们。我们不能掉以轻心。

……可蒂莫西他仍然没有一个安打，就快没机会了。

12. 简单的词语里蕴含着神秘的力量

> 我们所要做的就是将积极的想法和话语灌输到潜意识之中,就会在生活中创造奇迹。

为了庆祝独立日,新英格兰地区的大多数小镇都会在他们最宽阔的体育场尽其所能地举行焰火表演。博兰镇的居民们却不这样做。当然,每逢独立日这里大多数居民都会驱车到附近的康科德城观看焰火。不过,他们也有着自己独特的庆祝仪式,据镇公所的文献记载,1735年7月17日,博兰镇的第一位移民艾萨克·托马斯·博兰来到这个当时被野兽和土著占据的地方。现在每年的这一天,镇子的居民们都会聚集在棒球小联盟的停车场和看台,当夜幕降临,烟花、罗马焰火筒和各种各样的礼花弹就会从外场射向天空,在高空中喧闹地绽放出璀璨夺目、五彩缤纷的美景,随之,人群中会响起一阵阵惊喜的叫声、开心的口哨声和热烈的掌声。

因为今年的7月17日是星期一,按常规每个星期一到星期四都安排有棒球比赛,所以这周的比赛都顺延一天进行,我们与海盗队的比赛改到了星期二的傍晚。星期一下午,比尔打电话来问我是否愿意跟他和他妻子艾迪一起去看焰火。我真心地感谢他的邀请，但还是婉拒了。晚上，在吃了些黑麦面包夹熏牛肉，喝了一杯脱脂牛奶之后，我走到了屋外的露台上，坐在我最喜欢的躺椅上昏昏欲睡。忽然，一道焰火升上了天空，在我家房顶正上方的天幕上爆炸开来，那一瞬间，我看到无数五颜六色的星星闪烁着，接着慢慢地落下，最终化成一团旋转的白烟。我坐直了身子，仰头看着耀眼的烟花和闪亮的光球一个接一个地窜上天空，在被高大的松树和橡树掩映的球场上半英里的高空划出一道道弧线。

几分钟后，我的视线开始变得模糊。瑞克从很小的时候就迷上了焰火，从他三岁时我们住在圣克拉拉，到后来我们在丹佛居住的两年，每逢7月4日，萨莉和我就会带他去看"火火"。至今，我的眼前还能浮现出最初那几年他坐在我膝盖上看烟火的情景。随着焰火越升越高，他会不停地跳上跳下，一双蓝色大眼睛睁得大大的，以至于额前都浮现出皱纹，食指快乐地向上指着，每当焰火爆裂开来，变成绚烂的星星和耀眼的火球，他就会满心欢喜地尖叫，夏夜的空气中充满了硫磺和木炭燃烧的味道。

我观看了大约20分钟博兰镇的欢庆焰火，这可能是我一生中度过的最孤独的20分钟了。然后我回到屋里，爬上床，真希望自己从此长眠不醒。

面对比赛，天使队的孩子们明显有点翘尾巴了。尽管比尔和我一再提醒他们现在下结论还为时过早，可他们已然开始谈论与扬基队最后的冠军争夺赛了。星期二下午做赛前练习时，队员们一个个看上去都趾高气扬的。蒂莫西穿了一双崭新的白色耐克棒球鞋，鞋底有黑色和红色的防滑钉，队友们纷纷取笑他。蒂莫西一看到我就朝我跑过来，对我说："哈丁先生，您看我的新鞋子！"

"很棒的鞋子！你喜欢吗？"

他用力地点点头："我很喜欢！今天上午迈时捷医生把我带到康科德城，给我买了这双鞋。他说就是因为我的鞋太破了，我才一个球也没打中。"

说着，他转身跑向外场，兴奋地摆动着双臂，每一步都尽量以脚尖着地，仿佛是最优雅的跑垒员。

我们与海盗队之间的较量起初很像是一场真正的投手之间的对决。在前两局中双方都没能将球打出内场，保罗·泰勒的投球比以往任何时候都更有力量。然而，就像是新英格兰随时改变的风向，当托德和"坦克"在第三局双双击出本垒打之后，这场比赛顿时变成一场激战，队员们又乘胜追击连得了七分。在第四局中，保罗的控球变弱，安东尼·皮索带领他的队员们一下子扳回了六分。不过我还是让保罗留在了场上，最终他顺利投完了比赛。

当蒂莫西在第五局走向本垒板时，他的队友们齐声为他加油："蒂莫西，蒂莫西，决不放弃，决不放弃！"接着，他们有节奏地拍起手来，很快地，我们队员席后面的观众们也拍起手来，最后，全场的观众都加入到了为蒂莫西加油鼓劲儿的行列中。每个人都非常希望看到这个孩子第一次击中安打，实现零的突破。他的确尽全力了。噢，他是多么努力啊！他专注地站在本垒板上，击球动作很流畅，可是……他又被三好球三振出局了，观众席上顿时响起了一片失望的叹气声。

最终，我们带着遗憾打赢了这场比赛，比分是14∶9。

停车场里，我的车旁停着一辆很旧的美洲虎牌汽车，一个人正靠在后备箱上等着我。无须他自我介绍，我就猜到他是谁了。

"哈丁先生，"他笑容可掬地对我说道，同时伸出了他的大手，"我是迈时捷医生，刚才有人告诉我停在旁边的这辆车是您的，我想我不该错过这个好机会，向您表达我长久以来对您的勇气和您管理球队的才能的钦佩之情。孩子们的目光往往能看穿大人们的伪善，天使队的孩子们显然都非常尊敬您，也很愿意为您的球队效力。"

"谢谢您，先生，您太过奖了。早就听说过您，现在终于有幸见到传奇人物迈时捷医生了。蒂莫西·诺贝尔经常跟我提起您，有您一直以来的照顾和关心，他可真幸运啊！"

老医生环抱着双臂，微笑着用低沉的男中音回答我说："噢，我不知道是不是那样，我只知道，能在您这样的人手下打球才是他的幸运呢！"

"先生，蒂莫西还好吗？有时候他看上去像是无法保持平衡，跑动时又像是承受了极大的痛苦，不过他自己总说没事。"

他捋了几下长长的白胡须才回答道："他还好，就是有点儿童病，不过我会一直关注他的状态，你们的每一场比赛我都来看。"

"每一天在每个方面……"

他笑了:"这个小家伙真的记住了这些古老的自我激励的格言吗?我只教了他两句,虽然到现在他一个球都没打中,但看起来这些话足以使他保持积极乐观的心态。这些真是能带来巨大力量和神奇效果的金玉良言啊!只要我们能让更多的人相信,在这些简单的词语里蕴含着神秘的力量,这些话一定会成为一种神奇的治疗法。我们所要做的就是将积极的想法和话语灌输到我们的潜意识之中,如果我们这样做了,我们就会在生活中创造奇迹。既然我们很多人,甚至是每一个人,每天都会自言自语,那么为什么不对自己默念一些正面而有益的话语和想法呢?其实,'我能成功,我能完成这个任务,我能做成这笔生意'说起来跟'我不能成功,我完不成这个任务,我做不成这笔生意'一样简单。诺曼·文森特·皮尔、W. 克莱门特·斯通、拿破仑·希尔、麦克斯韦·莫尔茨(Maxwell Maltz),以及许许多多伟大的心灵导师,都教过我们使用这个简单技巧使人生更加美好。几千年来,自我肯定的方法一直推动着人们在生产、行为和思想方面不断取得进步。面对失去亲人而痛苦万分的人们,古罗马哲学家爱比克泰德(Epictetus)曾说过这样的话:'无须再说什么,我已经失去了他,不过,我只是把他还给了上帝。你的孩子去世了是吗?他只是回到上帝那儿去了。你的妻子去世了是吗?她只是回家了。'"他靠向我,拍拍我的肩说:"哈丁先生,继续加油吧!很高兴能跟您聊天。"然后他转身打开了车门,我也转身走向我的车,一句话也说

老医生微笑着说:"这些真是能带来巨大力量和神奇效果的金玉良言啊!我们要让更多的人相信,在这些简单的词语里蕴含着神秘的力量。"

不出来。

星期四与希德·马克斯和他的扬基队的比赛又是一场硬仗，也是托德·史蒂文森与他们的王牌格伦·格斯顿之间的一场对决。起初双方都没有队员上到三垒，直到贾斯汀打出左外场和中外之间一直滚到围栏的一个二垒安打，接着保罗·泰勒打出的内场地滚球将他送上三垒。然而，我们还是没人回到本垒，两队都没有得分。第四局开始后，扬基队最强的击球阵容出场。托德三振了前两个，却保送了第三个，接下来的第四棒击出了一个飞向左外场边线的平直球，球越飞越高，一直飞出了围栏，我们顿时就落后了两分。下一个击球员在打出了几个界外球之后，打出了一个飞向右外场的高飞球，这时，坐在我身旁的比尔·韦斯特把头埋在手里，不停地叹气。突然，人群中爆发出一阵欢呼声，几乎所有人都站了起来，原来是蒂莫西完美地做了一个我教给他的双手接球。当他慢慢地跑回队员席时，观众们都拼命地为他鼓掌。他望着我，大声喊道："搞定！"

不过，站在本垒板上的蒂莫西仍然遇到了很多困难。在将几个球打出界外之后，他终于光荣地出局了。实际上，我们所有的击球员都不是格斯顿的对手，在本赛季与扬基队的对抗中，我们目前的成绩是一胜三负。

接下来的星期一，查尔斯·巴里奥做投手，我们轻而易举地以17∶5的大比分轻取了小熊队，同时奠定了常规比赛第二名的地位。这也就意味着，下个星期六我们要再次对阵扬基队，与他们争夺本赛季棒球小联盟比赛的冠军宝座。在这场一面倒的比赛中，本·罗杰斯和罗伯特·墨菲都打出了三个安打，"坦克"更是大力击中了一个本垒打。于是我让三个替补队员安德罗斯、朗和诺贝尔打满了最后四局，其中蒂莫西有两次击球的机会。尽管他两次都被三振出局，不过他每次都是昂首挺胸地回到座位上。这个孩子可真是特别啊！

就在队员们跑上场开始第六局比赛时，比尔·韦斯特朝我走过来，轻声地问我："你听说蒂莫西的事儿了吗？"

"没有啊，他怎么了？"

"嗯，孩子们告诉我他的自行车又坏了。今天在来的路上，他妈妈给他新买的车链子断了，我猜他肯定是把车搁在路边，自己跑了很远才准时赶到的。他为什么这么渴望参加比赛呢？"

比赛结束后，我们正把装备往比尔的后备箱里装，这时蒂莫西从我们身边经过，我叫住了他。

"有什么事儿吗，先生？"

"今天我送你回家吧。"

他叹了口气，脚上的新鞋在沙子里蹭来蹭去："有人跟您说了我那辆破车的事儿了？"

"是啊。"

我们开出球场大约十分钟以后，小家伙连忙提醒我说："您走

12. 简单的词语里蕴含着神秘的力量

错了,这不是我回家的路啊!"

"可这是我回家的路啊。"

"您要带我到您家去吗?为什么?"

"等一会儿你就知道啦,再有几分钟我们就到了。"

不一会儿,我拐进自家的车道,在驶上一个斜坡之后,我按动了车库遥控器的开关,车库门打开了,车库里的灯也亮了起来。

"蒂莫西,出来一下,我有东西给你看。"

他有点不安地跟着我走进车库。我们走到一面墙前,两个金属支架上挂着瑞克那辆崭新的红色哈飞牌"街头追风族"自行车。我紧张地摸了摸两个车胎,确定它们气很足之后,才放心地抓住两个车把,把瑞克这份最后的生日礼物从架子上摘下来放在水泥地面上,摆在蒂莫西面前,对他说:"现在它是你的了,它一直挂在这儿还没被人骑过呢。我想如果瑞克认识你的话,他一定很乐意把这辆车送给你。"

蒂莫西伸出他的小手,慢慢地从左到右摸摸铬黄色的车把,又把手伸到下面,摸摸有点落尘但依旧闪闪发亮的车身,兴奋地对我说:"哈丁先生,这是辆崭新的车子啊!"

"是的,差不多。"

"它真的属于我了吗?是永远都属于我,还是我只能骑到赛季结束?"

"不管是现在还是以后,它永远都属于你了。"

"哇哦!"他欢呼着,"我一定会好好保护它的,我保证!"

"我知道你会的，天快黑了，我们把自行车放到后备箱里，我开车送你回家。明天你再开始骑它，好不好？"

他使劲儿地点点头，眼里充满了渴望："哈丁先生，这是我拥有的第一辆新的自行车呢！"

我的车已经驶到了蒂莫西的家门口，可他家门前的小灯还没亮。

"我想你妈妈还没下班回来，她的车也不在门口。"

我把自行车从后备箱里抬出来，靠在房子的外墙上，那里的护墙板已经不见了。

"你自己在这儿行吗？"

"没问题的，我妈妈很快就到家了。哈丁先生，您知道她答应过我什么吗？"

"我想不出来，是什么呢？"

"她说如果我们队能打进下星期六的冠军争夺赛，就算老板对她发火她也要请假去看我打球。您说是不是很棒？"

"太棒了！"

"她从来都没看过我打球，如果她能来，我也许就能击中一个安打呢。您说呢？"

"蒂莫西，我很希望如此。别忘了星期三晚上与海盗队的比赛呦，那是我们进入决赛之前的最后一场比赛了，我们可以利用那场比赛做好充分的准备，向冠军发起冲击！我们星期三再见啦！"

"遵命，先生。谢谢您！哈丁先生，谢谢您啊！"

在最后一场对阵海盗队的比赛中，我们的队员们表现得一塌糊涂，我想他们的心思已经全都放在下星期六与扬基队的决赛上了。在这场比赛中，我让托德和保罗各上场三局，这样一来，我们最优秀的两位队员就能为决赛做好充分的准备了。但全队的士气普遍不高，最终我们很侥幸地以11∶10险胜，我想这可能是因为无论这场比赛的结果如何，海盗队排名第三都已成定局，所以他们打得也不太积极。

因为我们已经铁定进入了最后的决赛，所以我让蒂莫西打满了全部六局，希望他能够尽快实现自己的心愿，击中一个安打。在第二局中，他的确击中了一个飞向投手的球，但接下来他仍因两次不中而出局。

当比尔和我把所有的装备装到他的后备箱里时，停车场上几乎已经空无一人。在暮色之中，我走近我的老朋友，伸出手，轻声对他说："我永远也无法报答你为我所做的一切。"

比尔抬起头，皱了皱眉说道："约翰，你在说什么啊？"

"你在最恰当的时刻回到了我的生命里，接着你把天使队交给了我，使我不得不为它牵肠挂肚，对它日思夜想，因它心存希望。在我就要放弃这个世界的时候，是你和这些可爱的孩子给了我第二次生命。上帝会保佑你的，我的朋友！"

我们拥抱在一起，互道了晚安。当我朝着自己的车走出大约20英尺时，比尔叫住了我，于是我转过身去。

"约翰，或许我们都有一点贡献，"他大声对我说，"不过，你一定要记住向我们最小的那个'天使'说声谢谢,是他教会了我们每个人如何度过生命中的每一天。"

我不记得我在车里坐了多久才转动了钥匙。

13. 真正的冠军

我俯下身子将他抱了起来,把头深深地埋在他小小的胸口上,亲了亲他的小脸:"蒂莫西,你一直都是冠军,一直都是。"

13. 真正的冠军

等待星期六下午冠军赛的那个星期过得既漫长又难熬,天使队在星期一和星期三下午又进行了两次训练,希德也带着扬基队在星期二和星期四做了最后两次训练。我们把训练的重点放在了基本动作上,尤其是对击球进行了专门的练习,虽然孩子们个个斗志昂扬,但我和比尔并没有足够的信心。在最后一场常规赛后,保罗·泰勒的母亲告诉我们,泰勒估计要缺席最后的冠军争夺赛了。他们夫妇早在一年之前就预订好了百慕大群岛的酒店房间,要带着保罗·泰勒一起到那里度过为期两个星期的假日,尽享高尔夫和潜水的乐趣。然而遗憾的是,按照行程安排他们恰好是在决赛的前一天出发。保罗的母亲对我说:"早在十个月前谁能料到我们的儿子会对一场棒球比赛——还是冠军争夺赛的胜负起到至关重要的作用呢?"不过,就在星期一我们开始训练之前,保罗笑着走到比尔和我的面前,带来了一个好消息,他们已经想办法将度假行程推迟了一个星期,同时也顺利地更改了他们在豪华的索纳斯塔海滩酒店的入住日期。这简直是一个奇迹!比尔和我都不敢相信天使队是如此的幸运。

按照赛程安排,总决赛将在星期六下午2点钟正式开始,然而不到1点我来到赛场上时,看台上已经座无虚席,一些人还自带了折叠椅坐在左右外场的边线外,每年冠军赛上的这个传统已经延续了很多年。在正面看台上,两名身穿白色制服的小贩正忙着出售冰激凌和爆米花,使这场夏日午后棒球赛的气氛更加热烈。在本垒板后面,乔治·麦考德正在用扩音器播放大学里的进行曲,他放大音量来煽动现场观众的情绪,这可是他的拿手好戏。

我刚从围栏的入口走进赛场,比尔就看见了我,马上冲我跑了过来:"约翰,有一大堆事儿要找你呢。"他一边说一边擦着额头上的汗:"在本垒板后面来了几位《康科德观察报》和《曼彻斯特工会领袖》的记者。"

"他们来采访小联盟比赛吗?看在上帝的份上,这又不是全州冠军赛!"

"不是的,他们说他们是来观看身价十亿的执行官是怎样指导一群13岁以下的孩子打球的。"

"太好了!这正是我想要的。"

"别担心,他们人还不错。"

我环顾赛场一周,有四名天使队队员已经来了,安东尼·朱洛正在和蒂莫西练习接球,保罗·泰勒正在接贾斯汀从一垒扔给他的地滚球。"比尔,你还有什么要对我说吗?"

"对了,蒂莫西的妈妈真的来看比赛了,听到这个消息你一定很高兴吧。她和迈时捷医生一起坐在三垒后面的看台第一排,她穿着一件白色T恤,戴一顶粉色帽子。"

"我看见她了,谢谢啦,比尔。"

我走到看台,摘下我的天使队棒球帽,伸出右手向他们问好:"诺贝尔夫人、医生先生,很高兴你们俩都来了,我想这对蒂莫西来说一定是莫大的鼓舞。"

诺贝尔夫人点点头,微笑着对我说:"哈丁先生,今天任何事都不能阻拦我来这儿看比赛,我非常希望你们能赢。"

"谢谢。医生,很高兴再一次见到您。"

老医生一边与我握手一边点点头说:"哈丁先生,我也很高兴啊。你能不能帮我回忆一下,我怎么记得这个赛季蒂莫西一个安打都没有啊?"

"的确如此,非常遗憾,您记得没错。"

迈时捷医生摘下他的旧牛仔帽,看着它说道:"这么说这场比赛是他最后的机会了。"

"是啊,恐怕今年的比赛就这一次机会了,而且并不容易。扬基队派出了王牌投手,对任何一个球员来说,击中他投来的球都非常困难。"

"嗯,"他温和地说道,"祝福你们天使队取得胜利,等孩子们上场了我们一定会使劲儿为他们祈祷的。"

"谢谢您。"我一边道谢一边转身回到赛场,这时,《圣母玛利亚进行曲》那熟悉的旋律开始在赛场上空回响。

在本垒板坚固的挡球网后面有一张折叠桥牌桌，斯图尔特·兰德和南希·迈凯伦将24个在阳光下金光闪闪的奖杯放在了上面，它们是与实际尺寸一样大小的金色棒球和方形的木质底座，底座上有一块金属小牌子，上面已经刻好了每一位队员的球队、姓名以及一行小字"博兰棒球小联盟冠军争夺赛"。在小联盟比赛中，永远都没有失败者。

终于，两位裁判走到本垒板，招呼希德和我过去，两人中个子比较高的一位是捷克·拉尔夫林，他将担任本垒裁判，另一位穿着蓝色衬衫的是蒂姆·斯培林，他负责四个垒的裁判工作。

"先生们，"拉尔夫林高声宣布道，"这是整个赛季里唯一一场不再由小联盟指定主客队的比赛。马克斯先生，当我把这枚二角五分的硬币抛向空中时，请您告诉我您选择正面还是背面，抛完后就不能改变了。胜者将自动成为本场比赛的主队，拥有最后的击球机会，队员席在三垒后面，明白了吗？"

我们两个都点了点头，当硬币被抛上我们的头顶，希德大喊道："背面！"

幸运又一次降临在我们身上，乔治·华盛顿那熟悉的脸正对着我们呢，天使队成为了主队。所幸的是，天使队的孩子们已经把自己的球棒和手套放在了三垒队员席，就像他们早就知道结果似的。当我告诉他们，我们不仅不用换地方了，而且还得到了最后的击球机会，孩子们全都跳了起来，大声地欢呼着。不一会儿大家就全都安顿好了，只有托德还在我们的队员席后面做着热身，我两手插在裤袋里，慢慢地从队员席的一头走向另一头，身子微微前倾，凝视每个孩子的眼睛，对他们说道："众人期待的总决赛终于到来了，你们每个人都应该以自己为荣，天使队能成功地走到今天，与每个人的努力都是分不开的。现在，我只有一件事要告诉大家，虽然这的确是一场重要的决战，但我希望你们每个人都能够充分地享受今天的比赛，因为这才是棒球的真谛。你们今天之所以能够站在这里，那是上帝对你们在整个赛季不懈努力的奖励，如果你无法笑对比赛、享受比赛，这种奖励就会大打折扣了。请记住，在这场比赛中你们无论是胜利还是失败，明天的太阳依旧会升起，最美好的人生就在你们面前。如果能够赢得成功，那当然是件皆大欢喜的好事，但它决不关乎生死存亡，它仅仅是一场棒球比赛。所以，大家要放轻松，享受今天，心中铭记蒂莫西在整个赛季里对我们说的话。"说到这儿，我指了指那个小家伙，对他说道："蒂莫西，再提醒大家一遍吧！"

他站起来，小小的胳膊高举过头顶，攥紧小拳头，大声地喊道："决不放弃，决不放弃，决不放弃！"全体队员都跟着一起喊道："决不放弃，决不放弃，决不放弃！"

高个子裁判向两个队员席挥挥手，指了指从本垒通向一垒和三垒的边线。天使队的孩子们马上跑到内场外，沿着三垒边线排成一列，扬基队则相应地沿着一垒边线排成一列，两队的一端延伸到了本垒板。伴着乔治·麦考德通过扩音器播放的节奏轻快版的国歌，托德走向投手板，这一次按照事先的安排，扬基队的头号球员格斯顿和他一起带领大家宣读小联盟誓言。当本垒裁判将手中的面罩高高地举过头顶时，天使队的孩子们立刻从队员席上跳了起来，一边齐声高喊着"决不放弃，决不，决不，决不！"一边跑向各自的位置。

第44届博兰棒球小联盟比赛冠军争夺战正式拉开了帷幕。

在比尔·韦斯特的建议下，我要求托德·史蒂文森的热身时间要比以往至少长十分钟。这位高大的金发男孩今天的投球速度简直快的惊人，比赛刚一开始他就把扬基队的前两名击球员三振出局，第三名击球员被保送上垒之后，第四棒击出了飞向左外场远端的二垒安打，扬基队突然间在二垒和三垒都有了跑垒员，接下来上场的是他们的投手格斯顿。托德非常认真地对付他的死对头，在两好球三坏球的情况下，格斯顿击出了一个速度很快的飞向一二垒之间的内场球，于是在封杀了第三个人之后我们立刻落后了两分。

在第一局下半场，尽管安东尼·朱洛被保送上垒，但贾斯汀和保罗打到内场的地滚球太容易被接杀了，而托德在击出了两个飞过左外场围栏的界外球之后也光荣出局了。

在第二局中，我们设法将扬基队的队员挨个儿封杀出局，然而，在把"坦克"和查尔斯·巴里奥保送上垒后，他们也对我们实施了相同的战术，大好的机会被浪费掉了。接着，按照比尔和我的计划，第三局上半场，我们将另外三名天使队队员插入出场阵容。克里斯·朗代替安东尼·朱洛担任二垒手，迪克·安德罗斯到左外场，代替罗伯特·墨菲，蒂莫西·诺贝尔则慢跑到右外场，代替杰夫·加斯顿。

希德·马克斯也做了不少调整。希德的记分员和比尔注意到，比赛的官方记分员和南希正坐在挡球网后面的折叠桌旁，陪着那些闪闪发光的奖杯，于是他们在本垒附近交换了各自替补队员的姓名。

第三局上半场，扬基队的第一个击球员将托德投来的快球打到了三垒垒包的内侧，我都不相信保罗·泰勒能接到那个球，不过他的确做到了，在球落地前，他凭借良好的球感，一个鱼跃反手将球接住。看到这一幕，激动不已的观众纷纷起立为他鼓掌、叫好，欢呼至少持续了五分钟，直到两位裁判来到投手板，举起双手示意大家安静，意犹未尽的球迷才不情愿地坐了下来。这真算得上是我所见过的最漂亮的接球之一了。接着，托德三振了对方的下一个击球员，之后，他们那瘦高的捕手击出了一个中外场的高飞球，被查尔斯·巴里奥轻易地搞定了，于是扬基队的进攻结束了。到目前为止，尽管顶着冠军争夺赛的压力，两队的表现都可圈可点。第三局下半场轮到我们进攻了，这时扬基队仍然领先我们两分。

站在三垒后面的教练位置，我开始有些着急了。格斯顿的投球堪称完美，而且他的体力也充沛如初，我们必须有所突破。当我们的第一棒克里斯·朗走向本垒板时，他朝我这边看了一眼，于是我急忙提示他做一个触击打。第一个球他没有挥棒被判好球，然后他将一个漂亮的触击球打到了三垒的边线上,可惜这一击还不够完美。只差半步距离,他还是出局了。我们下一个击球员是贾斯汀·纽伦堡,我本来想提示他再打一个触击球,不过我最后并没有这么做。他打了一个很慢的短球到投手的右侧,格斯顿及时而又流畅地接到了贾斯汀的球,我们的击球员又一次在半步距离内出局了。保罗·泰勒一走进击球区就神情紧张地朝我这边看了又看,我没有给他任何的提示。幸运的是,他击中了格斯顿的第二个球——一个内侧快球,然后把它高高地击出了左外场的围栏,打出了一个本垒打!这样,我们与扬基队之间就只剩下一分的差距了。接下来,托德来到了击球区,他击出了飞向中外场的平直球,可惜打得不够远。这样第三局比赛就结束了,扬基队2∶1暂时领先。

在第四局比赛中,托德投球时比前几局更卖力了,扬基队没有哪个击球员能够将他投来的球打出内场,三人接连出局。

当天使队的孩子们回到队员席时,比尔响亮地宣布了前三个击球员的名字:"金葆、巴里奥、安德罗斯!"他在队员席里走来走去,一边煽动着大家的情绪,一边轻轻地拍了拍每一个队员的帽顶:"让我们拿下这些家伙!就趁现在!这一局我们要大获全胜!"

"决不放弃!"蒂莫西突然大喊起来,其他人马上和他一块儿喊道:"决不放弃,决不放弃!"

"坦克"以保送上垒开了好头,如果换成别人,我可能会尝试让下一个击球员采取牺牲触击打,可是这个大块头男孩跑得实在太慢了,所以我只好让查尔斯·巴里奥把球打出去。他将一个很猛的地滚球打到了游击手的位置上,游击手很利索地接到了球,又把球传给了二垒手,二垒手接着把球传给了一垒手。一个双杀!接下来上场的迪克·安德罗斯又被三振出局。在进入第五局之前,我们仍然落后一分。

第五局开始后,当扬基队的第一击球员在架子上挑选球棒时,希德跑向三垒的教练位置,经过我们的队员席时,他跟我打了个招呼。

"约翰,你好啊!"

"有什么事儿吗,希德?"

"今天的比赛实在太精彩了,两个队的孩子都很棒啊!"

我笑着向他点点头。

扬基队的第一击球员本来准备打一个触击球,却最终击出了一个内场高飞球,托德很容易就接到了这个球。第二个击球员是一个身材矮小但肌肉发达的左撇子,打一垒位置,在被判了两个好球之后,他猛地打出了一个平直球,直奔右外场的蒂莫西。

"噢,不要啊!"我听见比尔在大喊,可蒂莫西此时已经将手套举过了头顶,两只脚轻轻地调整着步伐,这样他的右脚就能支撑起他小小的身躯。这个高飞球打到他手套上发出的声音,整个球场都听得一清二楚,所有的声音顿时消失了。当观众们回过神来,意识到蒂莫西接住了那个球,他们情不自禁地站了起来,忘情地为这个孩子欢呼着。蒂莫西只是微笑着点点头,把球抛给了一垒位置上的贾斯汀。扬基队的下一个击球员很快就被三振出局了,现在轮到天使队击球了。根据比尔宣布的顺序,我们的前三个击球员分别是罗杰斯、诺贝尔和朗。

格伦·格斯顿丝毫没有体力下降的兆头,他为扬基队连连投出好球。不过,本·罗杰斯带给了我们一个大大的惊喜,他设法在两好球两坏球时击中了一个及腰高的快球,并打出了一个左外场高飞球。尽管这样很冒险——因为中外场手已经捡到球——我还是示意冲过二垒的本朝我跑过来。当本和球在三垒会合时,我紧张得屏住了呼吸。本做了一个完美的滑垒,而三垒手拿着球的手套只差一点就碰到他的右脚。"安全上垒!"裁判员大喊,看台上顿时响起了一片叫好声和口哨声,与此同时,蒂莫西正慢慢地走向本垒板。只差不到60英尺我们就能扳平了。

忽然,这个小男孩在距离击球区十英尺左右的地方停了一下,挖起一捧土,在手里揉搓着。他转身看看我,我给了他"打出去"的信号。他点点头,慢慢地走进击球区,提提裤子,用力拽拽他的帽舌,摆好了准备击球的姿势。接下来的一幕是比尔和我从未见过的,即便追溯到我们打球的那些年月也没有见过。天使队的全体队员都站了起来,向前倾着身子,把胳膊肘架在队员席前面的护板上,眼睛直盯盯地看着蒂莫西的一举一动。他们一言不发,全都沉默了,仿佛都在为蒂莫西默默地祈祷着。突然之间,整个观众席也都鸦雀无声,静得能听到从康科德城传来的火车的汽笛声。

蒂莫西高举了几次球棒，等待着。格斯顿看了站在三垒位置上的本一眼，然后做了几个精心设计的投球前摆动手臂的准备动作，向蒂莫西投出了一个几乎正对着捕手的慢球。蒂莫西开心地笑着退出击球区，一个坏球！

回到击球区的蒂莫西竖起了球棒，蹲下来等待着。格斯顿的第二个球是一个快球，正好打向中间。蒂莫西没去打它，一个好球！接下来又是一个快球，两个好球！我扭过头，想看看诺贝尔夫人和迈时捷医生的表情，可他们两个都低着头看着自己的手，好像都没有勇气去看本垒板上的较量。下一个球又是一个慢球，蒂莫西再次走出击球区，两个坏球！现在是两好球两坏球。蒂莫西又慢慢地回到了击球区，在本垒板上轻轻地敲了两下球棒，把它高举到肩膀后方，等待着。在又一次长时间的准备活动之后，格斯顿投出了一个及腰高的穿过了本垒板中央的球。蒂莫西挥棒，结结实实地把球弹回到了格斯顿左侧的草地上，球经过一垒和二垒之间没有种草的地面，擦着一垒手的手套边缘飞过，然后以越来越慢的速度朝右外场手滚去，他飞速跑过去接住了球。在三垒位置上的本·罗杰斯很轻松地就得到了这一分，站上一垒的蒂莫西是那样的骄傲！他脸上的表情我永远都不会忘记，他咧开嘴大笑着，在头顶上高高地挥舞着自己棒球帽。他先是看着我，朝我挥了挥手，又转过身去看他妈妈和迈时捷医生，向他们使劲儿地挥挥手。此时，他们俩早已起身，和赛场上所有的人一起，不停地为蒂莫西鼓掌、欢呼。

蒂莫西挥棒，结结实实地把球弹回到了格斯顿左侧的草地上，赛场上的所有人一起为蒂莫西鼓掌、欢呼。

接下来,我们最强的打击顺序就要出场了,我们的比分追平了,而且无人出局!希德·马克斯要求暂停,他缓步走向投手土墩,与格伦和内场手说了些什么。在等待比赛重新开始时,我从三垒的教练位置走回我们的队员席。这时,我们的下一个击球员克里斯·朗正准备到击球区去,不过当他看到贾斯汀、泰勒和托德正围在我身边讨论接下来的比赛,他也赶紧跑了过来。

"小伙子们,"我对他们说,"就是现在了。就像这一年来你们所做的那样,轻松地挥动你们的球棒。我有种预感,你们一定会夺得冠军,然后你们就能在剩下的暑假时光里痛快地玩了,对不对?不用修剪草坪,不用在花园里除草,也没有了那些家务事,是不是很棒啊?"

听了我的话他们全都笑了起来,不住地点头。这时,高个子本垒裁判冲我们喊道:"各位,让我们继续比赛吧,你们说呢?"

希德拍了拍他的投手的肩膀,然后慢跑回队员席。

克里斯·朗站进击球区,裁判员立刻戴好护面,大喊"比赛开始"。

朗将第一个球高高地打到了左外场,可惜半路就被接杀了。一出局。领先跑垒的蒂莫西仍然站在一垒上。

这时贾斯汀表现得过于急躁,连续两个球,他不管球都低于自己膝盖就挥动了球棒。不过,幸好他把第三个高至他下巴的球打到了右外场,一垒安打,蒂莫西也因此升到了二垒。接下来轮到保罗·泰勒击球了,他等到两好球三坏球时才猛击出一记滚向二垒的地滚球，不过在他跑上一垒时被封杀了。此时，蒂莫西又升到了三垒，同时贾斯汀到了二垒，托德·史蒂文森在二出局的情况下上场了。

前两个球托德都用了很大的力量去打，却没能打中。他走出击球区，做好几次深呼吸才走回去，将格斯顿投的下一个球打过二垒，实现了一垒安打。于是蒂莫西得到了领先的一分，贾斯汀升到了三垒。不幸的是，随着"坦克"打到右外场的球被接杀，第五局比赛结束了。不过，在这场比赛中我们的得分第一次领先，再封杀三人我们就能问鼎冠军了，蒂莫西不但使我们与对手打平，他的跑垒得分还让我们具有了领先的优势！

第六局开始后，我和托德一起向投手土墩走去。"大块头，你的胳膊没事儿吧？"我问他，尽量不表现得太过关切。

他点点头，擦擦额头上的汗，对我说："我没事，挺好的。"

我轻轻揉揉他的肩："还能坚持让三人出局吗？"

他又点了点头，不过脸上没有笑容："放心吧，我保证。"

扬基队的第一个击球员在两好球三坏球时，打出一个飞向左外场的高飞球。一出局！接着，托德用四坏球保送了下一个击球员。所幸下一个击球员棒棒落空。现在只要再有一个击球员出局就结束了——不过接下来上场的却是扬基队的头号击球员。这位第一强棒在打出四个直飞过左外场边线的界外球之后，最终打出一支一垒安打。现在扬基队在二垒有人可能取得打平的一分，一垒有人可能得到领先的一分！

坐在我右边的比尔轻声对我说："经理，我觉得你应该马上去跟我们的投手谈一谈，就是现在。"

听到他的提醒我马上跳起来，向裁判请求"暂停"，慢慢向投手板走过去。背对投手板的托德正盯着地面，不停地用手套拍打着大腿。

"孩子，你觉得怎么样？"我问他。

"没事儿，没事儿。"

"有点累？"

"没有，我很好，您放心吧。"

"扬基队接下来要上场的家伙很擅长打击，你能打败他吗？"

他只是点点头，我拍拍他的肩膀，慢跑回队员席。

托德走进投手板，转身扫了一眼二垒上的跑垒员，然后迅速投出一记有力的，穿过本垒板中央的及腰高快球。

"一好球！"

"坦克"从手套里把球拿出来，在头顶晃了几下，又将它抛回给了托德。没有做任何准备动作，托德立刻抬起左腿，将第二个球猛掷向吃惊不已的击球员和捕手。

"两好球！"

比尔转过身来，笑着对我说："约翰，你看出托德的想法了吗？他很担心你会把他替换下场，所以他要用最快的速度让扬基队的球员出局。"

这时，"坦克"也猜到了他的战斗伙伴的想法，于是在将球抛回给托德之后,他迅速回到了捕手的位置。托德又一次没做任何准备动作就迅速地向后退,火速地投出了一个越过本垒板中心的快球。

"三好球!"

我们赢了!

在口哨声和尖叫声的伴随下,天使队的孩子们涌向投手板,把托德高高地举在肩膀上,骄傲地绕场一周,嘹亮地喊着他们的口号:"我们决不放弃,决不放弃!"此时,全场观众都站了起来,对孩子们报以热烈的掌声。当我们的队伍走到三垒时,另一个孩子也突然被大家举了起来——他就是蒂莫西!队友们用尽全力把他小小的身躯举到最高,蒂莫西攥紧了拳头,上上下下挥动着双臂。

当天使队的游行队伍到达本垒板时,他们才把两个小英雄放下来,为这永恒的精彩一刻,看台上又开始沸腾了,欢呼声、口哨声和鼓掌声经久不息。

最后,扩音器里传来了《不可能实现的梦想》的曲子,颁奖仪式开始了,两支队伍各排成一纵列接受奖杯。扬基队在前,天使队在后。当我站在天使队的队尾,接受来自斯图尔特·兰德的握手祝贺时,我突然想起了最后一次听到这首歌的时间和地点:当时,我对着博兰镇广场音乐台上的麦克风,等着向台下的居民们致辞,他们都是为了迎接萨莉、瑞克和我而聚集到广场上来的。

正当我由于心里的阴影逐渐扩大而准备离开球场时,蒂莫西捧着奖杯朝我跑来。"哈丁先生,再次谢谢您为我所做的一切,我的自行车、我的棒球手套,还有您给我的所有帮助,真的很感谢。"

我俯下身子将他抱了起来,把头深深地埋在他小小的胸口上,真不应该这么做,因为我开始轻轻地啜泣起来。"蒂莫西,你不必感谢我。真正应该说谢谢的是我啊,你为我所做的远比我为你所做的多得多。"

"我做的?"他显然有点困惑。

"是的,孩子,你做的,我爱你。"

"我也爱您,哈丁先生。"他举起了他的奖杯,"因为您,我现在是真正的冠军了!"

我亲了亲他的小脸,把他放了下来:"蒂莫西,你一直都是冠军,一直都是。"

14. 任何人都能够创造出奇迹

蒂莫西的勇气和精神慢慢地渗入了我最绝望的那些日子，把我从地上搀扶起来，替我掸去心灵上的灰尘，教我如何重新笑对世界，怀着一颗感恩的心，勇敢地面对每一天。

尽管我一直沉浸在胜利的高度兴奋里，但这丝毫没有影响我的睡眠，星期六晚上，头一挨枕头我就沉沉地睡着了。虽然星期天我没有安排任何事，但天亮后不久我就起了床，洗澡、刮胡子、穿衣服，又吃了一顿简单的早餐，然后开车前往枫林公墓。到达目的地之后，我把车停在了一条狭窄的硬石子小路上，从那里只须步行几分钟就来到了萨莉和瑞克的墓地。那里的草很绿，而且最近刚刚做了修整，覆盖了他们的安息处。旁边有一块承载着我心痛记忆的，用松散的灰土堆成的狭长地面，上面摆着一些褪了色的花圈和花篮，里面盛着已经干枯了的鲜花。

我缓缓地弯下膝盖，坐在草地上，双臂环抱在膝盖上，就像坐在公园里，闲适地等人来与我一起共进草地午餐，一起喝饮料、吃三明治。因为时间尚早，我可能是墓园里唯一的扫墓者，只听到旁边枫树上几只山雀在唧唧喳喳地叫着。我闭上眼睛，努力地回忆着很久以前母亲教给我的祷告词。我有些犹豫地默默对他们倾诉，一种幸福的安宁感涌上了我的心头，沉湎在往事中的我感到非常放松和美妙。以前,无论我多晚下班回家,萨莉都会让我躺在客厅里的躺椅上,把头枕在她的腿上,用她那柔软温暖的手为我按摩太阳穴和前额,这时,我一天的压力和紧张情绪全部消失得无影无踪。

我仍然闭着眼睛,自言自语道:"亲爱的,非常抱歉,我一直没有来看望你们,不过我知道,你和瑞克会谅解我的。我只是无法接受这个事实——你们两个人正躺在这冰冷的地下。不过,现在我开始感到,自己慢慢地不再那样自怨自艾了,我已经做好了重新面对这个世界的准备……甚至……甚至包括回到康科德城去工作,那原本对我们仨和我们的未来都有着非常重大的意义。最重要的是,我会把关于你们俩的所有记忆一直放在心里,带着它们继续活下去,你们会为我祈祷吗?在今后的日日年年里,我需要得到你们的支持。"

我站起身,在转身离开前轻声对他们说:"哦对了,非常抱歉,我一直没有为你们选墓碑,不该有什么借口,我保证明天就会办好。"

星期一的早上,我给两家生产墓碑的公司打了电话。在一位非常耐心的女销售员的陪同下,我花了将近两个小时,在康科德墓碑公司挑选了一块纹理简洁的红色花岗岩墓碑。然后前往盛世公司,与我的好友拉尔夫·曼森在行政餐厅共进午餐。他目前是盛世公司的代理总裁,代我管理公司事务。在我的邀请下,财务部总经理拉里·史蒂文森等其他三位公司高管也加入了我们的聚餐，听到我宣布即将回公司上班的消息后，他们每个人看上去都很高兴——我猜他们也有些惊讶。

劳动节过后的那天，在拉尔夫的积极配合下，经过几小时的会议，我终于回归公司掌舵的位置。盛世公司正准备推出一款叫做Concord 2000的功能强大的全新文字处理软件，早在我加盟公司之前很久，公司最优秀的技术骨干就开始了漫长的研发过程。从公司创利的角度来看，现在并不是我回来的最佳时机。然而，员工们每天加班加点时，他们的脸上一直都挂着笑容。特别要感谢的是拉尔夫，他继续雇用了贝蒂·安东，自从我来到盛世公司担任总裁，她一直是我的秘书和得力助手。在我暂时离任的这段时间里，贝蒂仍然作为拉尔夫的秘书，掌管着与原来完全一样的事务。在贝蒂的帮助下，我终于熬过了重返岗位的最初几个礼拜。现在，每天工作时间再长我也不会担心了，因为就算回到家我也无事可做。平均每天我都要工作15个小时，星期六也不休息。11月初，我们终于在拉斯维加斯的软件展上推出了Concord 2000，它一面世就得到了热烈的追捧。我给所有为这个软件付出了汗水和智慧的员工都予以升迁和奖赏，而最大的功臣无疑是被我任命为CEO的拉尔夫。

几个月以来，我每天都是晚上9点钟以后到家，慢慢地几乎成了规律。一天晚上，我从信箱里取了信，沿着斜坡将车开进车库。进屋后我在厨房里泡了一杯茶，然后端着茶杯、拿着信件和公文包穿过走廊，来到了书房。我习惯坐在写字台前打开信件，浏览我从办公室拿回来的文件，检查语音信箱里是否有留言。在这个特别的夜里，我小口地啜饮着茶水，按下了答录机的播放键，键的上方有一个红色小灯正在不停地闪烁。迈时捷医生那熟悉的声音从机器里传了出来："哈丁先生，找您可真是不容易啊！一个星期以来，我每天都打电话给您。不过我承认，每次在您的答录机启动之前我就把电话给挂了。这不能怪罪您的答录机，是我对这些现代化的机器太没耐心了。不过，最后我还是觉得，我想对您说的话实在太重要了，所以我还是冒着出丑的风险用了一下这个……录音功能。先生，现在是晚上7点，如果您愿意的话，我想拜托您无论今晚几点到家，都给我回个电话。这件事情实在太重要了，否则我绝对不会打扰您的。我的电话号码是2234575，谢谢了。"

"无论今晚几点到家……"这句话足以让我拿起电话，拨通他的号码。铃声只响了一下，他就接起了电话。

"医生，我是约翰·哈丁，我刚到家就听到了您的留言。"

"您能给我回电话真是太感谢了。现在，您能不能再帮我一个忙？"

"没问题。"

"我知道您今天工作了很长时间，一定已经很疲倦了，您一般晚上几点钟休息呢？"

"嗯，我想至少还有一两个小时吧。"

"先生，从我的住处到您家只有十分钟的车程，我能不能现在过去跟您谈件事呢？我想，您也一定会认为这是一件非常重要的事情。我保证不会占用您太长时间。"

我盯着电话答录机看了大约十秒钟，然后回答道："医生，当然可以，您过来吧，我这就去把门前的灯打开，给您照亮。"

电话挂掉了，他甚至都没来得及跟我说再见。

我家的门铃已经坏了很久了，所以我一直透过客厅的窗户向外张望着，直到我看到车道上他的车灯越来越近。在老医生按门铃之前我就打开了门，伸出右手迎接他："医生，欢迎您，请进。"

"哈丁先生，又见到您真是太好了。"

"医生，您叫我约翰就行了。"

他微笑着点点头说："盛世公司一切都很顺利吧。"

"呵呵，大多数时间里我总是不确定是否一切都在正常运转。我们跟通用汽车和IBM这样的巨型企业遇到的情况相似，公司实在太庞大了，保证各个部门都良好运转几乎是不可能的任务。我想，大自然已经用了几个世纪的时间向我们说明这个道理：一个身高六英尺的人可以通过努力缔造各种纪录，而一个身高不幸达到八英尺的人却可能吃穿无着，养活不了自己。到头来，对于竞争力或成功率来说，规模都是毫无作用的。"

迈时捷医生跟着我穿过走廊来到了书房，一路上听着我的分析，他不住地点着头。一进门他就环视整个房间，看得出来他非常欣赏房间的布置。然而，他刚想开口说些什么，话到嘴边又咽了回去。我猜他可能忽然意识到，我已经不再需要听别人夸奖萨莉是多么擅长家居装饰了。我问他要不要喝点什么,他摇了摇头,我们在窗边的沙发上坐下,从那里望出去,外面是黑漆漆的后院。好几分钟过去了,迈时捷医生一直焦虑地摆弄着手里的帽子却一言不发。我觉得,自己最明智的做法就是安静地坐着,等他开口,而我确实也是这么做的。

最后,迈时捷医生终于向前倾了倾身子,把胳膊肘架在膝盖上,皱着眉,低头盯着他的旧帽子。当他开口说话时,眼睛并没有看我,而他的声音听上去也比以前更沙哑了。

"约翰,我恐怕要带给你一个坏消息了,好像你这辈子的坏消息还不够多似的。正如你所了解的那样,从小蒂莫西一家搬到博兰镇,他的爸爸离妻弃子以后,作为一名医生,我一直都在照顾他们母子。蒂莫西第一次到我那儿看病时,据他妈妈说他在保持平衡方面有点问题,而且有时看东西还会有重影——也就是复视。为这个孩子进行了两次检查之后,在他妈妈的同意下,我决定让我在达特默思—希区柯克医疗中心的同事为他进行一次会诊。他们花了很长时间,对蒂莫西进行了多项检查。"

说到这里,迈时捷医生突然站了起来,把脸扭到一边,避开我的视线。而我也有种冲动,想要跳起来,跑出房间。我再也不想听下去了!

"约翰,他们发现蒂莫西得了脑瘤,而且因为位置特殊而无法实施手术。这该死的东西的医学名称叫做骨髓胚细胞瘤。于是我们决定先用药物治疗一段时间,然而,那些比我医术高明许多的医生最终得出的结论是，因为肿瘤的位置特殊，不管花多长时间进行治疗，我们都无法使孩子的病情有所好转。于是，在与我进行了很多次痛苦的讨论之后，他妈妈决定让蒂莫西像正常的孩子一样去过每一天，一切顺其自然。虽然蒂莫西已经知道了实情，但这个决定还是令他非常高兴。他让我们两个人向他保证，不对任何人提起他的病情。他说，他不希望任何人，尤其是学校里的小伙伴们为他难过，也不想让他们因为得知他就要死了而给他特殊待遇。他只是希望，大家能像对待一个普通的11岁男孩那样对待他。"

迈时捷医生所说的字字句句我都听得很清楚，也非常理解他的话。可是……可是，我禁不住问道："医生，您是说蒂莫西知道自己得了重病，活不了多久了吗？他知道这些吗？"

"他知道。他的妈妈佩吉是一位很特别，也很坚强的女性。我刚才说过的，在她下决心让蒂莫西知道真相之前，我们两个人曾进行过很多次谈话。至今，我仍然清楚地记得，那天晚上佩吉泪流不止，她说，如果上帝已经决定只让她的宝贝活到十一二岁，她所能做的就是将实情告诉孩子，这样他至少可以按照自己的心愿去努力过好宝贵的每一天。"

我忍不住提高了音调，向迈时捷医生表示歉意后，说道："医生，您也看到了，整个赛季这孩子一直在竭尽全力地拼着。他从没有放弃过努力，还总为队友们加油助威。还记得'每一天在每个方面'，还有'决不，决不，决不放弃'吗？天知道他对于天使队是多么的重要。您是在告诉我,这个用他的热情、拼搏、顽强和乐观打球和做事,还总是鼓舞其他孩子的小男孩,一直都知道……一直都知道自己就要死了吗?"

迈时捷医生垂着头,眼睛盯着地板,慢慢地点了点头。

"这个病对他打球没有影响吗?"

"他当着他妈妈的面请求我允许他参加比赛时,我想,打球不会对他的身体造成额外损害,还能让他的注意力从病痛转移到别的事情上去,对延长他的活动时间也应该有所助益。"

"我已经有三个月没有见到他了,医生,他的身体现在怎么样?"

"嗯,这些天来因为频繁的阵痛,他需要费很大的力气才能笑一下,而且几乎无法保持平衡,下地活动只能依靠轮椅。不过,他家的房子很小,所以他还算过得去。"

"那么,他妈妈呢?"

"她已经辞职了,专门陪在他的身边照顾他。虽然学校为蒂莫西送来课本和作业,但她不会教他读书。所以,她现在主要就是给他喂饭和擦洗身体,并尽量多陪他一会儿。今天上午她告诉我,现在蒂莫西大部分时间都在睡觉,当他醒着的时候就会尽可能地读读书,看一会儿电视节目。"

"医生,如果她不工作了,他们母子俩靠什么生活呢?他们有钱花吗?"

他摇摇头,仍然躲避着我的目光:"他们没什么收入来源,不过我会帮助他们一些的。我已经这么大岁数了，身边没什么人需要惦记，也没有什么花钱的地方。"

迈时捷医生终于又坐了下来，这一次他坐得离我很近。我把手放在他的肩膀上问："那么住院怎么样？如果住在医院里，蒂莫西的状态会不会更好一些？"

"我觉得不会，对他来说还是待在自己家里，躺在自己的床上更好些。医院里的医疗设备和器械丝毫不能减轻他的痛苦，而且佩吉也没有加入医疗保险。我们所能做到的就是在尽可能长的时间里让他舒服地待着。"

"医生，我能为他做些什么吗？"

老医生淡淡地笑了笑，对我说："我一直在等你问我这个问题呢，约翰，你能做的最好的事就是去看看这个小家伙。他一直在说自己打击上垒的事，还有哈丁先生教他如何正确地握棒和挥棒。你知道他每天抱着什么入睡吗？"

"什么？"

"你送给他的棒球手套。"

第二天一早，我打电话给贝蒂说可能会晚到两三个小时。她提醒我说，今天我要与《计算机世界》杂志的几个编辑一块儿吃午饭，还说在我到公司之前她可以先帮我应酬他们。我开车到了银行，取了1000块的20元纸钞，和办公室里的斯图尔特·兰德先生打了个招呼，赶在他拉着我东拉西扯地闲聊上大半天之前奔出了银行大楼。接着,我走进了银行旁边的杰瑞自行车和玩具店,买了整盒的最近两年的职业棒球大联盟卡片。杰瑞的妻子还非常热情地帮我做了包装。

当我终于到达那个漆着"诺贝尔"字样的灰色邮箱时,天空飘起了小雨。我拐弯驶上那条泥泞的小路,很快就来到了他家的大门前。佩吉·诺贝尔一定是听到或看到我的车开了过来,还没等我抬起手来敲门她就把门打开了。她穿着一套绿色的旧运动服出现在门口,不停地用右手食指碰着撅起的嘴唇,示意我不要出声。她轻轻地在我身后关上门,小声对我说:"您能来真是太好了,蒂莫西刚刚看了一会儿动画片就睡着了。"

我扭过头去看了看那台黑白电视机,离那儿不远的地方放着一把轮椅,蒂莫西就坐在里面,他向后微微仰着头,半张着嘴巴,看上去睡得很香。我凑到轮椅旁,半跪在地上,这样就能更好地看看他了。正当我端详着他那英俊的小脸时,他忽然睁开了眼睛,立刻向前倾着身子朝我伸出了双手。

"哈丁先生,您来看我啦!哇哦,妈妈快来看啊,哈丁先生来了!"

"亲爱的,我已经知道了,你是不是特别高兴啊?"

我再也无法控制自己的情绪,身体向前倾,紧紧地抱住他,亲吻着他的脸颊和额头。他用双臂环绕着我的脖子回报我的吻。

"我就知道您会来的,我知道,我知道!"

我用掌心擦去了脸上的泪水,把两个礼物盒递给他,他马上就把盒子打开了,"哇哦!妈妈,快来看啊!棒球卡片!好几百张!太棒了!有博比·邦兹(Bobby Bonds),还有……韦德·伯格斯(Wade Boggs)!哇哦!哈丁先生,谢谢,谢谢您啊!"

"蒂莫西,我本该早一点来看望你的,可我一直不知道你生病了,真的。我在康科德城上班……已经很长时间了……所以,直到迈时捷医生跑来告诉我,我才知道……"

"他告诉您我就要死了吗?"

我一时不知道该如何回答他,最后我还是点了点头。

他用细小的手指拢了拢金色的头发,咧嘴笑了:"不过,我的愿望已经实现了,哈丁先生。我向上帝祷告,您知道,我对上帝说,请允许我打满全部比赛吧,并让我击中一个安打上垒。然后,我就做到了……我做到了啊,谢谢您……也……谢谢上帝。"

他把手伸到盖在腿上的毯子下面,拿出他的棒球手套。然后就像刚才突然间醒来一样,仿佛耗尽了所有的力气那样闭上了眼睛,不到几分钟就睡着了,我拍拍他的胳膊,转过身走到他妈妈身边。佩吉非常安静地坐在厨房的桌子边上,留出空间让蒂莫西和我畅快地进行"男人"之间的谈话。

"哈丁先生,喝杯咖啡怎么样?我刚煮了一壶。"

"好的,来一杯吧,谢谢。"

在这间小小的厨房里,我坐在她的旁边,因为自己帮不上他们而感到难过。我忽然想起了一件事,赶紧从夹克衫的内兜里掏出了那个装着钱的牛皮纸信封,把它从桌面滑过去,推到诺贝尔

　　我再也无法控制自己的情绪,身体向前倾,紧紧地抱住他,亲吻着他的脸颊和额头,他用双臂环绕着我的脖子回报我的吻。

夫人的面前，我抓起了她的手放在上面。

"这是什么？"她问道。

我握着她的手对她说："就当是你的失业补偿吧，好吗？现在，请什么也别再说了。"

我又把手伸进夹克衫里，拿出我的个人支票和签字笔，签了一张支票给她。"如果你愿意，随时可以使用这张支票，这样你和蒂莫西就不用为钱的事为难了，还有，"我一边说一边从钱包里抽出一张名片，在背面写下了我家的电话号码，"不管你需要什么，都可以给我打电话，好吗？我办公室的电话在名片正面，我会安排好，只要是你打过来的，就可以直接找到我。"

她只是坐在那儿，看着我，完全不解地摇摇头："您为什么要为我们做这一切？哈丁先生，我们彼此并不熟悉。"

"诺贝尔夫人……"

"请叫我佩吉吧。"

"佩吉，今年初夏，当你的儿子进入我的生活时，我正打算要结束自己的生命。失去了妻子和儿子的我，同时也失去了活下去的愿望。对我来说，生命已经没有任何意义了。但是，蒂莫西的勇气和昂扬的精神慢慢地渗入了我最黑暗最绝望的那些日子，把我从地上搀扶起来，替我掸去心灵上的灰尘，教给我如何重新笑对世界，提醒我要怀着一颗感恩的心，鼓励我勇敢地面对每一天。蒂莫西在球场上的奋力拼搏使我明白了，只要有一种决不放弃的精气神，任何人都能够创造出奇迹。正是这个小男孩教会我如何重获新生，我生命的价值是什么。我要如何回报他对我的救赎？是他点亮了我生命中的明灯，我又能如何偿还他呢？如何偿还呢？"

说完这些，我把头深深地埋进了手掌里。

"哈丁先生……？"

蒂莫西醒了，我站起来，走到他的身边，坐在轮椅旁边的地板上："蒂莫西，我在这儿呢。"

"您为您的儿子祈祷吗？"

"当然。"

"等我死了以后，您也能为我祈祷吗？"

"每当我为瑞克祈祷时也一定会为你祈祷。"

他点点头，甜甜地笑了："只要我还活着，您还会来看我吗？"

"我保证。"

我一直履行着自己的诺言，每个星期都会去看望蒂莫西几次，甚至包括感恩节……圣诞节……新年……还有情人节……

15. 谢谢你,小家伙

我的天使,是你为我带来了希望和勇气,我会永远爱你,我每呼吸一次,就会对你的感激更多一些。

4月7日，蒂莫西·诺贝尔离开了人世。

他的墓地距离萨莉和瑞克的墓地非常近。

一天，我载着佩吉·诺贝尔到墓碑公司找那位热心的女销售员，这是我以前就答应过佩吉的事，我对她说，可以随自己的心意为蒂莫西选择墓碑石料和尺寸，最后她还是选了一块小小的深灰色花岗岩方尖碑，刻上了这样的碑文：

蒂莫西·诺贝尔

1979年3月12日 — 1991年4月7日

我决不，决不，决不放弃！

阵亡将士纪念日（Memorial Day）那天下午，我来到了枫林公墓，把一个盛满了粉色玫瑰的柳条花篮深情地摆放在萨莉和瑞克安息的红色墓碑前。我半跪在那里，默默地为他们祈祷着，不知过了多久才站起身来，慢慢地朝蒂莫西·诺贝尔的墓地走去。我

我把手套张开，竖立在墓碑前，五指朝上，就好像里面仍有只小手伸向天空。

紧挨着那灰色的墓碑跪了下去,轻轻地抚摸着它光滑的表面,然后拿出一个纸袋子,里面装着我送给蒂莫西的那副棒球手套。几个小时前,我专门找蒂莫西的妈妈要回了这副手套,她什么也没有问就把它拿给了我。现在,我把手套张开,竖立在墓碑前,五指朝上,就好像里面仍有只小手伸向天空。

"谢谢你,小家伙。我的天使,是你为我带来了希望和勇气。我会永远爱你的,我每呼吸一次,就会对你的感激更多一些。"

三年后,在夏季棒球联赛进行的温暖日子里,博兰镇即将举行新公共图书馆的开馆典礼。这座新馆是在火灾后的旧址废墟上重建而成的,全部的重建款都是我捐赠的。

新图书馆将被命名为"哈丁—诺贝尔公共图书馆"——在铺满地毯的大厅的墙壁上挂着几幅油画……

……两个小男孩的油画。

◇ 计量单位的对照和换算表

英亩　1英亩＝40.4686公亩

英尺　1英尺＝0.3048米

码　　1码＝0.9144米

英寸　1英寸＝2.54厘米

英里　1英里＝1.609344公里

新书推荐

《成功与幸福的秘密》
[美]奥格·曼狄诺 著
费肖俊 译

本书作者是世界知名的励志和心灵自助书籍作家、演说家——奥格·曼狄诺,其鼓舞人心的畅销书作和演说,使他赢得了无数的书迷和朋友。本书就是他献给每一位新、老朋友的特殊礼物,也是这位全球累计销量4000万册的超级畅销书作家的最后一部作品,在他去世的前一年出版,值得每一位读者倍加珍惜。

本书是一部文笔优美的日记,真实地记录下奥格的内心思考和感触,生动地描写了他充实忙碌而又幸福安详的晚年生活,被誉为奥格·曼狄诺版本的《相约星期二》。

翻开这些书页,就如同握住了这位慈爱的智者温暖有力的双手,随他同行,与他相伴:一起登上讲台,面对无数听众,倾听他畅谈有关成功与幸福的话题;回到乡间工作室,分享他启迪心灵的创作灵感;或是携手并肩徜徉林间,听他娓娓道来,怎样从一个人到中年、失去妻儿和工作、徘徊在自杀边缘的流浪汉,一步步奋斗成为一位伟大的励志作家和演说家,撰写出传世的《世界上最伟大的推销员》,并通过其十八部感人至深的作品和无数场振奋人心的演说,改变了千百万人的命运。

奥格毫不吝啬地将他的成功秘诀织入生活的每一处细节,渗透在书中的每一页。他与人们分享悲伤和欢乐,以及他对读者的感激和对朋友的热爱。当不幸向他袭来的时候,他也毫不隐瞒。奥格的真实生活慢慢地展现在读者面前,让我们与他一起生活,聆听他的心声,我们将再次体验到期待明天的无限快乐,以及决不留恋往日的无比勇气。

新书推荐

《雄辩大师的礼物》
[美]奥格·曼狄诺 著
费肖俊 译

本书的故事情节很简单,但其中蕴含的人生忠告却能为世人答疑解惑,指导人们如何在获取成功和内心安宁的同时,避免所有的不幸与失败。

几十年来,巴特·曼宁为世界著名演说家担任经纪人,一个偶然的机会,他遇到了一位名不见经传的演讲者———帕特里克·多恩。演讲台上的帕特里克魅力四射、极富感染力,他四周围绕着一种难以言状的光环,使极为老道的巴特也惊为天人。

荣获了"世界最佳演说家"桂冠的帕特里克在巴特的包装和经营下,成为全美家喻户晓的人物,他的演讲日程甚至安排到了两年之后。

遗憾的是,好人难以一生平安。在出席一次演讲活动的途中,帕特里克因飞机失事而罹难。

帕特里克作为一位演说家,他向世人传播的是一种福音。正如巴特所评价的,在这充满哀伤、恐惧、混乱的世界里,大家需要他的声音、他的言语、他的鼓舞。

现在,我们虽然再也听不到他的声音、他的言语,但他给我们留下了最后的礼物———他演讲内容的精华浓缩成的言简意赅的文字。每天早晨读上一遍,凭借他留给我们的珍贵遗产,我们就能以平和的心境,笑迎每天都必须面对的挑战、逆境、诱惑和危险。只须遵守这几个简单的原则,就可以改善现实的生活,走上一条截然不同的道路。它会引导你通往财富与成功,赢得爱情与欢乐,获取心灵的平静与满足,最终实现自己的梦想。当这些原则植入了你的心田,就会长成一座神奇的花园,值得你倾尽一生来浇灌、欣赏和收获……

奥格·曼狄诺成功励志丛书

推销员系列

平装版　　　　　　精装版　　　　　中英文对照版

羊皮卷系列

曼狄诺的成功大学　　曼狄诺作品合集

新书系列

生命、爱和勇气　　曼狄诺成功日记　　伟大演说家的馈赠

The Twelfth Angel

Copyright © 1993 by Og Mandino
A Fawcett Columbine Book
Published by Ballantine Books
This translation is published by arrangement with Ballantine Books,
an imprint of Random House Publishing Group, a division of Random House, Inc.
Simplified Chinese Translation Copyright © 2009 by WORLD AFFAIRS PRESS
ALL RIGHTS RESERVED.

图字：01-2003-4095号

图书在版编目(CIP)数据

第12个天使 /（美）曼狄诺著；崔姜薇译. —北京：世界知识出版社，2009.1
（奥格·曼狄诺成功励志丛书）
书名原文：The Twelfth Angel
ISBN 978-7-5012-3416-5

Ⅰ.第… Ⅱ.①曼…②崔… Ⅲ.人生哲学—通俗读物 Ⅳ.B821-49
中国版本图书馆CIP数据核字（2008）第144023号

责任编辑	侯奕萌
文字编辑	孙　畅
责任出版	赵　玥
责任校对	余　岚
封面设计	小　月
内文插图	贺晓科
书　　名	**第12个天使** Di Shier Ge Tianshi
作　　者	［美］奥格·曼狄诺（Og Mandino）
译　　者	崔姜薇
校　　订	侯奕萌
出版发行	世界知识出版社
地址邮编	北京市东城区干面胡同51号（100010）
电　　话	010-65265923（发行）　010-85119023（世界知识书店）
网　　址	www.wap1934.com
印　　刷	世界知识印刷厂
经　　销	新华书店
开本印张	880×1230毫米　1/32　6¼印张
字　　数	120千字
版次印次	2009年1月第一版　2009年3月第二次印刷
标准书号	ISBN 978-7-5012-3416-5 ISBN 0-449-91150-0
定　　价	18.00元

版权所有　侵权必究